科学通识书系

主编：周雁翎

科学史十论

Lectures on the History of Science in Ancient China

席泽宗 著

北京大学出版社
PEKING UNIVERSITY PRESS

图书在版编目（CIP）数据

科学史十论 / 席泽宗著．— 北京：北京大学出版社，2020.7
ISBN 978-7-301-22489-2

Ⅰ．①科… Ⅱ．①席… Ⅲ．①科学史 - 中国 Ⅳ．① G322.9

中国版本图书馆 CIP 数据核字（2020）第 067487 号

书　　名　科学史十论
　　　　　KEXUESHI SHILUN
著作责任者　席泽宗 著
策 划 编 辑　周雁翎
责 任 编 辑　唐知涵
标 准 书 号　ISBN 978-7-301-22489-2
出 版 发 行　北京大学出版社
地　　址　北京市海淀区成府路 205 号　100871
网　　址　http://www.pup.cn　新浪微博：@ 北京大学出版社
微信公众号　科学元典（微信号：kexueyuandian）
电 子 信 箱　zyl@pup.pku.edu.cn
电　　话　邮购部 010-62752015　发行部 010-62750672
　　　　　编辑部 010-62753056
印 刷 者　大厂回族自治县彩虹印刷有限公司
经 销 者　新华书店
　　　　　650 毫米 ×980 毫米　16 开本　13.5 印张　162 千字
　　　　　2020 年 7 月第 1 版　2023 年 5 月第 4 次印刷
定　　价　45.00 元

目 录

一论

科学史与现代科学

◎思想方法——科学史与科学的对接点

◎科学史资料对现代科学研究的作用

◎科学史为科学与社会的互动提供借鉴

◎科学史是一门现代学科

一、思想方法——科学史与科学的对接点

什么是历史？什么是现代？这个界限很难划分。有人认为，今天报纸上登载的事情绝大部分都是历史，因为它发生在昨天或昨天以前，都是过去时态。按照这个说法，除了今天正在研究或正在计划中的科学工作以外，所有科学都属于历史范畴。这种说法当然很难得到多数人的同意，而且也不现实。

什么是现代或当代？意大利生物学史家范提尼（B. Fantini）说：

> “直接的答案可能是，‘当代’指的是我们面前正在发生的事情。但是这个定义实在是太幼稚了，就是一个单纯的大事年表也不起作用。我们可以确定一个惯用的起始点，即20世纪。”

但是，20世纪从哪一年开始，是从1900年开始，还是从1901年开始？还有争论。与此相似，21世纪是从2000年开始，还是从2001年开始，目前意见也不一致。

如果说20世纪是从1900年开始，那么这一年在生物学上很重要，孟德尔遗传定律的重新发现就在这一年。这一发现是朝人类需要的方

向来改变生物的工程的理论基础。它对人口、粮食、优生、教育、犯罪、法医等方面有着根本性的影响，对确定国策有制约作用。这可以说是划时代的发现，因此我们可以把"现代生命科学"解释为 20 世纪的科学。

但是，这样做的一个危险是，在 19 世纪和 20 世纪之间的生命科学中，插入了一个人为的不连续性。而事实上，它们是处于连续状态的，即孟德尔于 1865 年就发表了他的论文《植物杂交实验》。这篇文章设计巧妙，实验无误，对资料做了统计处理，结论新颖，确实是划时代的成就。但在发表的当时，甚至在其后 35 年的时间里，学术界竟无人问津。孟德尔曾经说过："看啊，现在是我的时代来到了！"但他没能亲眼看到这一天，1884 年他就去世了。

孟德尔遗传定律的重新发现是在 1900 年。这一年从春天到初夏，荷兰的德弗里斯（H. de Vires）、德国的科伦斯（C. Correns）和奥地利的西森内格 – 契马克（E. Seysenegg-Tschermak）分别独立地重新发现了这一定律，它才受到全世界的注意。从这个意义上说，现代生命科学应该开始于 1865 年，而不是 1900 年，因为这三个人都认为孟德尔的研究比他们早而且深入细致。

从孟德尔遗传定律的重新发现这个事例，可以引申出一个重要的推论：当一位久远的科学家的思想方法或理论被用于现今理论并成为其中的一部分时，也可以把它看作是"现代的"。于是，1969 年诺贝尔生理学或医学奖的获得者、生物物理学家德尔布吕克（M. Delbrück）就把亚里士多德看作是分子生物学的创始人之一。罗森费尔德（L. W. Rosenfield）还写了一本《亚里士多德与信息论》。他们认为，学科和问题的历史只要同我们现今所关注的课题属于相同的知识传统和范式（paradigm），就应该同现代相当。

“范式”是库恩（T. S. Kuhn）在《科学革命的结构》一书中常用的一个词，是指一个成熟的科学群体（共同体）在某一段时期内所接纳的研究方法、问题领域及标准答案的源头活水。列入我国“八五”期间攀登计划的“机器证明及其应用”就是这方面的一个实例。

数学定理的机器证明是吴文俊院士继承我国古代数学传统开创的数学机械化工作的一部分。“机械化”是相对“公理化”而言的。公理化思想起源于古希腊，欧几里得的《几何原本》就是这方面的代表作，它创造了一套用定义、公理、定理构成的逻辑演绎体系。我国的数学著作，自汉代的《九章算术》起则创造了另一种表达方式，它将246个应用问题，区分为九大部分（章），在每个部分的若干同类型的具体问题之后，总结出一般的算法。这种算法比较机械（刻板），每前进一步后，都有有限多个确定的可供选择的下一步，这样沿着一条有规律的刻板的道路一直往前走就可以得出结果。而这种以算为主的刻板的做法正符合计算机的程序化。吴文俊利用我国宋元时期发展起来的增乘开方法与正负开方法，在HP25型袖珍计算器上，利用仅有的8个储存单位，编制一个小程序，竟可以解高达5次方的方程，而且可以达到任意预定的精度。

我国宋元时期数学发展的另一个特点，是把许多几何问题转化为代数方程与方程组的求解问题（后来17世纪法国的笛卡儿发明的解析几何也是这样做的）。与之相伴而生，又引进了相当于现代多项式的概念，建立了多项式的运算法则和消元法的有关代数工具。吴文俊以其深厚的几何学和拓扑学功底，吸收了宋元时期数学的这两大特点，将几何问题用代数方程表达，接着对代数方程组的求解提出一套完整可行的算法，用之于计算机。1977年先在平面几何定理的机器证明方面取得成功；1978年推广到微分几何；1983年我国留美青年学者周咸青在全美定理机器证明学术会议上介绍了吴文俊方法，并自编软件，一鼓作气证明了500多条难度颇高的几何定理，轰动了国际学术界。

穆尔（J. S. Moore）认为，在吴文俊之前，机械化的几何定理证明处于黑暗时期，而吴文俊的工作给整个领域带来光明，一个突出的应用是由开普勒行星运动三大定律自动推导出牛顿万有引力定律，这在任何意义上都应该说是一件了不起的事。然而吴文俊并未就此满足，他说：

“继续发扬中国古代传统数学的机械化特色，对数学各个不同领域探索实现机械化的途径，建立机械化的数学，则是本世纪以至绵亘整个21世纪才能大体趋于完善的事。”

二、科学史资料对现代科学研究的作用

上举各例历史上的科学对现代科学所产生的影响是就思想方法而言的。历史上的科学还可以为现代科学提供丰富的研究资料。1989年王元、王绶琯、郑哲敏三位院士在总结《中国科学院数学、天文学和力学40年》时指出：

“（20世纪）50年代以来，通过我国（兼及一些其他国家）古天文资料的整理和分析，现代所得的一些天文现象的研究得以大幅度‘向后’延伸。这种‘古为今用’的方法受到广泛重视，（其中）如利用古新星记录证认超新星遗迹并判定其年龄，曾引起很大的反响。”

1955年苏联科学院通讯院士、莫斯科大学射电天文研究室主任，在看到我关于中国历史上的超新星记录和射电源关系的论证之后，兴奋地说：

> “建立在无线电物理学、电子学、理论物理学和天体物理学的‘超时代’的最新科学——无线电天文学——的成就，和中国古代伟大天文学家的观测记录联系起来了。这些人们的劳动经过几千年后，正如宝贵的财富一样，被放入了20世纪50年代的科学宝库。我们贪婪地吸取史书里每一行的每一个字，这些字深刻和重要的含义使我们满意。”

近几十年来，利用中国古代的天象记录来研究超新星遗迹、地球自转的不均匀性、太阳黑子活动的周期、哈雷彗星的轨道演变等许多问题，已成为热门课题，在英、美、日、韩等国都有人在研究。

历史资料在地球科学研究工作中也很重要。竺可桢关于气候变迁的研究就是一例。从1925年开始，他不断地从经、史、子、集中收集有关天气变化、动植物分布、冰川进退、雪线升降、河流湖泊冻结等资料，加以整理，于1972年临终前发表《中国近五千年来气候变迁的初步研究》，指出在五千年中的前两千年，黄河流域年平均温度比现在高2℃，冬季温度高2—5℃，与现在长江流域相似；后三千年有一系列的冷暖波动，每个波动历时300—800年，年平均温度变化为0.5—1℃。他还论证了气候波动是世界性的。竺可桢的这篇文章发表后，立即被译成英、德、法、日和阿拉伯诸种文字，英国《自然》杂志发表评论说：

“竺可桢的论点是特别有说服力的，着重说明了研究气候变迁的途径，西方气象学家无疑将为能获得这篇综合性研究文章感到高兴。”

现在，研究全球性的气候变化，已成为一个重要课题，各国都在大量投入资金，计算机模拟等手段均已用上，而竺可桢开创的历史方法仍不失为一条途径。

中华人民共和国成立初期，竺可桢和李四光主持的《中国地震资料年表》的编制及有关的研究工作，既是基础研究，又具有现实意义。地震预报十分困难，世界各国地震学家长期努力至今尚未研究出有效方法。在中华人民共和国成立前，我国地震台站只有北京和南京两处，中华人民共和国成立以后最初几年，虽逐年增设，但为数也不多，且为时又短，远远不能满足第一个五年计划建设的需要。第一个五年计划的主要任务是发展重工业。按照建厂的程序，在选择厂址时，首先需要知道建厂地点的地震烈度。地震烈度若可能达到 7 度以上，基本建设就要加防固设备；地震烈度若可能达到 10 度以上，则根本不能建厂，其他条件再好，也得放弃。在这种紧迫情况下，只有发挥我国历史记录的优势，组织大量人员搜集各地各代资料，总结选厂地点的地震状况。他们列出了五百多个地点的地震烈度，绘出等震线，做出中国地震区域图，满足了当时经济建设的需要。此项工作在 1976 年唐山大地震以后显得更重要，中国社会科学院、中国科学院和国家地震局又联合起来，重新组织力量，再做更细致的工作，历时五年，完成了五卷《中国地震历史资料汇编》。

类似于地震烈度研究对工程建设所起作用的史料工作，还有中国水利水电科学研究院水利史研究所关于“三峡地区大型岩崩和滑坡历史及现状的考察研究”课题，这是为跨世纪的三峡工程所做的准备工作中不可少的一部分。研究人员查阅了有关历史文献和地质勘测资料，先后三次去现场考察，在此基础上形成了相应的历史模型，进而提出了可行性方案。报告指出了过去近两千年间，大型岩崩滑坡集中在某几个河段；集中发生的周期和季节规律；最大规模只是短时间堵江，未形成经年的拦江堆石坝。报告还指出秭归、巴东境内的黄蜡石和新滩岩崩规模最大、危害严重，应先期整治和预防，但不致制约三峡工程建设。从而，对三峡地区今后可能出现的类似地质灾害在地理分布、发生诱因、可能的规模和频率等方面，提供了一个实在的参考，成为预测它们对工程施工、今后的运行以及城镇和航运安全影响的依据。在这里，"历史模型"取得了地质理论分析和计算都难以得到的成果。

历史资料不但能够为当代的科学研究和工程建设提供丰富的佐证，有时还能够提出新的问题，要求现代科学回答。例如，随着秦始皇兵马俑 1、2 和 3 号坑的发掘，出现了许多不解之谜。

（1）一把数百公斤重的陶俑压弯的剑，当发掘者搬开俑时，弯剑竟慢慢地复原了。两千多年前，铁的冶炼才出现不久，秦人怎能铸造出这把千年弹性不变的剑呢？

（2）秦俑佩带的兵刃镀有一层铬。镀铬需要电，镀铬工艺是美国人在 1937 年发明的，德国人在 20 世纪 50 年代才申请到专利。秦俑兵刃上的铬是怎样镀上去的？它采用的技术和方法是什么？

（3）铜马车是当今发掘出来的稀世珍宝，更出奇的是它那顶浇铸成型的超大、超长、超薄的车盖，两千多年前是怎样造出来的？

（4）彩绘秦俑，其颜料均为天然矿物质，红者朱砂，黑者炭黑，白者磷灰石，唯有紫色不得其解。经现代科学鉴定，这种紫色颜料成分是硅酸铜钡，可是在自然界中从未发现过，直到 20 世纪 80 年代才由人工合成。然而秦俑早在两千多年前就使用了，这怎么解释？以上几个问题，现在都在征求答案。

三、科学史为科学与社会的互动提供借鉴

除以思想方法和资料运用与现代科学相交叉外，科学史还以本身的研究工作为现代科学提供借鉴。爱因斯坦在他晚年的自述中曾说："马赫的《力学史》给我以深刻影响。"许多有成就的科学家，都对本门学科的历史有清楚的了解，但是他们往往是把科学史当作一种知识部类，研究它的积累过程，特别是正确知识取代错误和迷信的过程，很少注意它和外部社会现象的联系。自20世纪30年代以来，科学史领域出现了一个新的研究方向，即科学社会史，也叫科学外史。代表这个方向的第一篇文章是苏联学者赫森（B. Hessen）于1931年在第二届国际科学史大会上提出的《"牛顿原理"的社会经济基础》（*The Social and Economic Roots of Newton's Principle*）①。他不去讨论万有引力定律和哥白尼日心说、伽利略惯性定律、开普勒行星运动三大定律之间的继承关系，而是讨论17世纪英国的战争、贸易、运输的需要对牛顿研究工作的推动作用。这篇文章轰动一时，尽管它的内容引起了一些争议，但沿着这个方向工作的人越来越多。

赫森的文章是讨论社会对科学的影响，反过来科学对社会的影响也可以成为一个研究领域。德国诗人歌德在评述哥白尼学说时曾说：

"自古以来没有这样天翻地覆地把人类意识倒转过来。因为若

① 此文见 N. I. Bukharin et al.. Science at the Cross Road [M]. London: Frank Cass，1931: 147-212.

地球不是宇宙的中心，那么无数古人相信的事物将成为一场空了，谁还相信伊甸的乐园、赞美的颂歌和宗教的故事呢？”

据袁正光研究，哥白尼日心说和市场经济竟有联系，而其中的一个关键人物是牛顿的好朋友约翰·洛克（John Locke）。洛克深受从哥白尼到牛顿的科学成就和科学精神的感召，把上帝是人类活动中心的思想颠倒过来，建立人是社会中心的理论，并且认为人类社会也有规律可循。马克思在评述洛克学说时说：“洛克的哲学成了以后英国政治经济学的一切观念的基础。”马克思所说的英国政治经济学就是亚当·斯密（Adam Smith）的古典经济学。亚当·斯密在他的《国富论》中说：

“人类社会受着一只看不见的手的指导，去尽力达到非其本意想达到的目的。也并不因非出于本意就对社会有害。其追求自己的利益，往往能使其比在真正出于本意的情况下，更有效地促进社会的利益。”

他还说：

“我从来没有听说过，那些假装为公众幸福而经营贸易的人做了多少好事。”

世界著名经济学家萨缪尔森（P. Samuelson）说：

“亚当·斯密最大的贡献就是发现了‘一只看不见的手’，即在经济世界中抓住了牛顿在物质世界中所观察到的东西，即自行调节的市场机制。”

从这段历史可以看出，基础研究不能单看眼前的经济效益，有时它潜在的社会效益是无比巨大的，这一点在制定科学政策时是要注意的。

科学、技术与社会之间相互关系的研究，可以有很具体的应用题目，如超级市场出现的条件、在中国小汽车可否进入家庭等，都可以从科学史的角度来讨论。科学社会史更注重的则是把科学当作一种社会事业，研究创造这个事业的个体和群体。

所谓个体，就是指科学家。我们往往把过去的科学成就同一些科学家相联系，如哥白尼、牛顿、达尔文；至今诺贝尔奖金还只发给个人，不发给群体。因此，科学史相当一部分的工作就是写科学家传记，总结他们的成败得失，写他们的命运、个性、事业，写他们身上体现的时代精神和科学精神。这对于引导青年一代热爱科学、献身科学事业是大有帮助的，对于培养具有创造精神的人才也是必要的。

但是任何个人都不可能是一座不与外界接触的孤岛，科学家尤其如此。再伟大的科学家也不是赤手空拳站在自然界面前的，他是由大量的知识、技能、实践经验和设备武装起来的。而且随着科学越来越专业化、复杂化，随着大科学的出现，科学工作越来越成为集体的事业。在这种情况下，对科学群体的研究也成为一种新的趋势。所谓群体，可以是一个研究机构，也可以是一个学会，也可以是一个学派，也可以是某一时期的一个国家或地区。这种研究既可以就它本身进行，如麦克雷基施（K. Macrakis）女士关于纳粹德国时期威廉大帝科学协会（KWG，即今日马克斯·普朗克学会的前身）的研究；也可以超出它们之外和之上，联系起来进行研究，如尤什凯维奇（A. P. Yushkeivich）和德米多夫（S. S. Demidov）分析莫斯科和圣彼得堡两个学派在数学领域中的微妙竞争。这种研究已产生了许多有意义的成果，汤浅光朝发现的所谓“汤浅现象”就是其中之一。汤浅发现，自16世纪以来世界科学中心不断地转移，由意大利到英国到法国到德国到美国。研究促成转移的因素，无疑具有现实意义。

四、科学史是一门现代学科

最后我想说明，科学史本身也是20世纪才建立起来的一门现代学科，而且很小、很不成熟，它目前的研究水平大概只相当于物理学发展的前牛顿时期。人们常常拿以下几个条件来看一门学科是否成熟。

（1）高等学校有没有人开这门课？1892年法兰西学院准备开科学史的课，但请不到教授。1895年马赫（Ernst Mach）在维也纳大学开自然哲学和科学史，但不是专职教授。1920年起萨顿（George Sarton）在哈佛大学开始系统地讲授科学史，到1940年才被任命为教授，现在世界公认他为这门学科的奠基人。

（2）可不可以授予学位？1942年哈佛大学开始授予第一个科学史博士学位，中国1987年开始授予第一个科学史博士学位，相差45年。

（3）有没有专业刊物？国际性的科学史杂志*ISIS*于1913年创刊，中国的《科学史集刊》于1958年创刊，也差45年。

（4）有没有专业性学术团体？美国科学史学会建于1924年，中国科技史学会建于1980年，相差56年。

中国几个主要学会的成立年代是：地理（1909年），天文（1922年），物理（1932年），化学（1932年），植物（1933年），动物（1934年），数学（1935年）。

从以上可以看出，与数理化天地生相比，科学史只是一个后生小辈，比它们晚数十年；与美国同一学科相比，也晚56年。值得庆幸的是，自改革开放以来科学史发展很快，研究领域在不断地扩充，研究方法在不断地现代化（如计算机手段、量化分析等）。目前经费来源上有一定的困难，但只要我们能自觉地探索在社会主义市场经济条件下工作的路子，思想清楚，方向正确，不懈努力，相信我国科学史事业的发展一定会比历史上任何时期都更快更好。

[本文系作者在第七届国际中国科学史会议（1996年1月，深圳）上的演讲。]

二论

科学史与历史科学

◎科学史的性质

◎科学史和历史科学分离的原因

◎科学史的纵深发展

◎科学史和历史科学的互补关系

◎简短的结论

美国著名的科学史家，风行一时的《科学革命的结构》一书的作者库恩以同样的题目发表过一篇文章。他在文章一开头就说：

> “尽管历史学家一般地口头上都承认，在过去四百年中，科学在西方文化的发展中起了重要作用，但是对于多数历史学家来说，科学史仍然是他们学科之外的领域。在许多场合，也许在大多数情况下，这种把科学史拒于门外的做法，看不出明显的害处，因为科学的发展与西方近代史的许多主要问题似乎没有多大关系。但是一个历史学家，如果要深入考察历史发展的社会经济背景，或者要讨论价值观念、人生态度和思想意识变迁的话，那他就必须涉及科学史。”①

接着他又举出他在两个大学历史系开设科学史课程，历史系学生反而选课的人很少，说明这种分离现象的严重性。他从 1956 年起开课，在十四年中只有五个历史系的学生听课。在听课的学生中，来自

---

① Thomas S. Kuhn. The Essential Tension [M]. Chicago: The University of Chicago Press, 1977: 128.

历史系的只占二十分之一，大部分学生是从理学院和工学院来的，其余是从哲学系和社会科学各系来的，甚至从文学系来的都比历史系来的多。起初，他以为这种情况可能是由于他本人是学物理的，没有受过历史科学的训练，教得不好而造成的。后来打听到，受过历史科学训练的人开科学史，也同样不受历史系学生的欢迎。还有，开课的题目也没有关系。开“法国大革命时期的科学”或“科学革命”，也和开“近代物理学史”一样不吸引人，也许“科学”一词就把历史系的学生吓跑了。他又做了一项调查，说美国科学史家虽然大多数归属在历史系中，但这种归属往往不是历史系的自愿，而是来自外界的压力。科学家和哲学家向学校当局建议增设科学史教席时，学校把这个位置放到了历史系。

一、科学史的性质

库恩所谈美国的情况，也很符合中国。今年（1990年）刘广定教授和韩复智教授在台湾大学历史系开设“中国科技史”，听课的26人中，有六个是历史系的。我在1954年决定由天文学专业转行做科学史时，征求两位历史学家的意见，他们都反对。后来到了中国科学院历史研究所以后，该所许多同事都感到惊讶，常问“你们这些学自然科学的人，为什么跑到我们这里来了？”好像专业不对口，走错了门。

对于要在历史学科内建立科学史这样一个分支，不但群众不理解，有些领导也不理解。中国科学院于1954年决定发展科学史这门学科，先成立了一个中国自然科学史研究委员会，由17位专家组成，是一个空架子；实体则是在历史研究所成立科学史组，招收专职的专业人员，从事这项工作，我是最早到这个组工作的人员之一。这个组从一开始，就被历史研究所的许多人认为是他们代管的机构，而不是他们的本体。到了 1957 年这个组终于脱离历史研究所而成为独立的中国自然科学史研究室，但仍属中国科学院哲学社会科学学部领导。哲学社会科学学部的领导又认为自然科学史是自然科学，不应属于他们管辖，一直到 1966 年“文化大革命”开始之前，他们始终想把这个研究室推出去。1975 年，这个研究室扩建为中国自然科学史研究所。1977 年中国科学院哲学社会科学学部独立为中国社会科学院，次年中国自然科学史研究所划回中国科学院，至此正式把科学史归属在自然科学范围以内。

但是，我认为，一门学科在行政管理上归哪个部门和它在性质上属于什么，这两者可以一致，也可以不一致，只要对学科发展有利就行。关于这个问题，著名考古学家夏鼐先生于 1983 年 12 月在第二届国际中国科学史讨论会上致开幕词时说过一段话，可以参考。他说：

> “在这个会上，我不必讨论什么是科技史。大家都知道，科学技术史便是自然科学和应用科学的历史。我只谈谈科技史到底是一门自然科学还是一门历史科学。我们今天会中有好几位中国科学院自然科学史研究所的代表出席。这个所在 1977 年中国社会科学院从中国科学院分出来以前，是属于社会科学学部的，更早一点，是隶属于社会科学学部下面的历史研究所的。所以这里便有一个‘这门学科到底是历史科学还是自然科学’的问题。我们的李约瑟（Joseph Needham）教授青年时是生物化学家，曾被推选为英国皇家学会会员。中年时改搞中国科技史，后来被推选为英国学术院院士。英国从前最高学术机构是皇家学会，后来到了 1902 年社会科

学和人文科学才由皇家学会分出来，独立成一个英国学术院，有点像中国社会科学院由中国科学院分出来一样。现今英国的学者兼有这两个最高学术机构学衔的，听说只有李约瑟教授一人。这件事表示科技史还是应该算作社会科学中的历史科学，而不是自然科学。科学史家要有专业性的自然科学的训练，但是他研究的对象不是自然现象，而是作为社会成员的人对于自然的认识的发展过程和人类关于这方面知识的积累过程。”①

在这里，夏鼐是就研究对象来进行分类的。如按研究方法来分，科学史也属历史科学，它以搜集、阅读和分析文献为主，而不像自然科学那样，以观察和实验为主。科学史有时也要进行一些观察和实验，但那为的是验证和分析文献的记载，属于辅助性的。当然，历史科学和自然科学也有它们的共性，都要力求公正、客观，实事求是，伪造证据和艺术性的夸张都不允许。

二、科学史和历史科学分离的原因

科学史既然是一门历史科学，为什么许多历史学家又把它拒之于门外呢？这有多种原因。

第一，研究对象不同。作为一门社会科学，历史学家首先注意的是人与人之间的关系。在阶级社会出现以后，人与人之间的关系首先表现为阶级关系。政治是阶级斗争的技术，战争是阶级斗争的最高形式。因而过去所谓的历史，实质上就是政治史和战争史，在政治上占

---

① 转引自何丙郁．我与李约瑟 [M]． 香港：三联书店香港分店，1985: 145-146.

统治地位和在战争中耀武扬威的帝王将相是历史的主角。从 18 世纪法国启蒙大师孟德斯鸠（Charles de Secondat' Baron de Montesquieu）和伏尔泰（Voltaire）等开始，历史才向文学、艺术、宗教、经济等领域延伸。20 世纪起，历史开始注意人民大众的作用。1921 年美国哥伦比亚大学教授罗宾逊（J. H. Robinson）在他的“西欧知识分子史”讲座的基础上，出版 *Mind in the Making* 一书，宣布他的新历史观，认为历史学应该跳出只谈战争、政治和帝王将相的范围，应把文化和思想的发展包括进去。科学史就是在这种新历史观的影响下发展起来的，而它的研究对象则是一个更新的范围：人与自然的关系，人类认识自然、适应自然、利用自然和改造自然的历史。

第二，阅读书籍不同。因为研究对象不同，科学史家和历史学家所阅读的原始材料也就有很大程度的不同。科学史家所需要读的一些科学著作，往往专业语言很强，大多数历史学家很难看懂。不要说属于近代科学的牛顿、欧拉（Leonhard Euler）、拉格朗日（Joseph-Louis Lagrange）、麦克斯韦（James Clerk Maxwell）、玻尔兹曼（Ludwig Edward Boltzmann）、爱因斯坦和普朗克（Max Planck）的著作，历史学家看不懂；就是中国二十四史中的《天文志》和《律历志》，许多历史学家也是望而生畏。有一次，我和一位学历史的朋友聊天，他问我看什么书，我说：“看《周礼》中的《考工记》，二十四史中的《天文志》《律历志》，《墨子》中的《经上》《经下》《经说上》《经说下》等。”他说：“我懂了，你看的我不看，我看的你不看，咱们隔行如隔山。”

第三，不但科学史家所读的这些原始著作历史学家不感兴趣，就是科学史家所写的著作，也往往是资料堆积，读起来乏味。像萨顿三卷五册的《科学史导论》（*Introduction to the History of Science*），李俨五卷本的《中算史论丛》，恐怕不是专门研究的人都很少有人去阅读。还有，在科学史专业队伍形成以前，许多科学史的著作往往是高等学校教学的副产品。一些教自然科学的教师，为了吸引学生对本门学科的兴趣，在讲课时引述本门学科发展的一些历史材料，然后把它整理成一本书。这样形成的科学史著作，主要是谈本门学科的逻辑发展，专业性很强，不研究本门学科的学者很少有人去读。

第四，出身不同。一个人对某一方面的兴趣和才能是先天就有，还是后天环境培养形成，这个问题我们暂且不管。但现在的文、理两科，有的学校在高中就开始分家，无疑是造成斯诺（C. P. Snow）所谓"两种文化"（传统的人文文化和新兴的科学文化）[①] 相互分离的原因之一。进历史系的学生，在进历史系之前，就认为他们学的是文科，对自然科学不再注意；而进入科学史专业的人，在大学绝大部分读的是自然科学，只是到了研究生阶段才读科学史，他们往往认为自己学的是科学史，不是历史；天文学史与天文学，物理学史与物理学，比与历史学有更多的共同语言。

三、科学史的纵深发展

以上是就科学史和历史科学的分离情况和分离原因所进行的一般分析。但是任何情况都会有例外。中国是有历史学传统的国家，中国从司马迁写《史记》开始，就把"天文""律历"等这些属于自然科学的内容当作史书的组成部分。在这一优良传统的影响下，老一辈的一些历史学家就很注意自然科学史，例如董作宾的《殷历谱》、夏鼐

① C. P. Snow. The Two Cultures and the Scientific Revolution [M]. Cambridge: Cambridge University Press, 1959.

的《考古学和科技史》，都是很有影响的著作。钱宝琮的《中国算学史》（上册）是1932年由中央研究院历史语言研究所出版的。王振铎关于中国磁学史的研究，也是历史语言研究所在四川李庄时期进行的。所以说，历史语言研究所和中国科学史的发展有着密切关系，希望今后能做出更多的成绩。

在世界范围内，从20世纪30年代开始，科学史出现了一个新的研究方向，即所谓外史（External history）或外部研究（External approach）。传统的科学史，即所谓内史（Internal history）或内部研究（Internal approach），是把科学史当作一种知识，研究它的积累过程，特别是正确知识（Positive knowledge）取代错误和迷信的过程，很少注意它和外部社会现象的联系。例如，研究牛顿万有引力定律的产生，只注意它和伽利略的惯性定律以及开普勒行星运动三大定律之间的继承关系。外史则把科学家的活动当作一种社会事业，研究它的发展和其他社会现象（如政治、经济、宗教、文化等）之间的相互关系。这方面最早的一篇文章发表于1931年。这一年国际科学史联合会在伦敦召开第二届国际科学史大会（第一届于1929年在巴黎召开），苏联科学家赫森在会上提出的论文是《"牛顿原理"的社会经济基础》。他认为，牛顿力学定律的产生是英国当时战争、贸易、运输等方面的需要所推动的结果。这篇文章轰动一时。尽管对他文章的内容有所争论，但沿着这个方向做工作的人剧增，1936年在英国即有《科学与社会》（*Science and Society*）杂志开始发行。到30年代末，有两本重要著作出版：一是英国贝尔纳（John D. Bernal）的《科学的社会功能》（*The Social Function of Science*，1939）；一是美国默顿（Robert K. Merton）的《十七世纪英格兰的科学、技术与社会》（*Science, Technology and Society in Seventeenth Century England*，1938）。其后，随着科学技术的突飞猛进，科学在社会生活中所占的地位越来越重要，科学史的研究也越来越趋向于外史；而今，在美国，研究外史的人已经多于研究内史的人。在中国，近十年由自然辩证法专业转到科学史方面的人多偏重于外史，《自然辩证法通讯》所刊科学史文章也以外史为主，台湾"清华大学"历史研究所的科学史研究也以外史为主。内史和外史的相互配合，共同发展，将会把科学史的研究推到更高的一个层次，同时还会对科学哲学、科学社会学、科学学等产生深远的影响。

四、科学史和历史科学的互补关系

在这里，需要特别提出的是，科学史的外史趋向有利于科学史和历史科学的结合。首先，外史的研究不需要太多的科学专门知识，这有利于历史学科出身的人参加工作。其次，研究科学发展的政治、经济、文化、社会背景，科学史家必须依靠与历史学家的合作。自然科学要和社会科学建立联盟，研究科学史是一个渠道。要消除斯诺所说的两种文化之间的隔阂，学习科学史是一种办法。

一方面，科学史研究需要历史学家们的合作，这是很显然的。中国自然科学史研究委员会成立之初，就包括了侯外庐、向达等几位历史学家，这个人事上的安排即是明证。但是，另一方面，历史学家也有赖于科学史的工作。

第一，能够制造工具，是人区别于动物的重要标志；生产工具的进步是历史发展的重要标志，所谓旧石器时代、新石器时代、青铜时代、铁器时代、蒸汽机时代等，就是按生产工具来分的；而生产工具的制造则有赖于科学技术的进步。因此，深入研究科学、技术和生产这三者之间的相互关系，对于全面地了解社会发展史是非常必要的。这三者之间的关系非常复杂，在不同的时代、不同的国家或地区都有所不同，只有历史学家和科学史家合作，具体情况具体分析，才能给出准确的答案。

第二，科学不但作为一种物质文明影响着生产力的发展，它还作为一种精神文明影响着人们思想意识的发展。哥白尼的日心地动说、达尔文的进化论，作为一个历史学家如果对这些自然科学理论视而不见、听而不闻，那他很难对历史做出公正而全面的论述。因此，历史学家不但要从生产力的角度，还要从意识形态的角度注视科学史的研究成果。

第三，考古学的新发现，可以丰富科学史研究的内容，这是大家有目共睹的。李约瑟在他的巨著《中国科学技术史》（又名《中国的科学与文明》）第一卷第一章“序言”中说，研究中国科学史必须具备六个条件：（一）必须有一定的科学素养；（二）必须很熟悉欧洲科学史；（三）必须对欧洲科学发展的社会背景和经济背景有所了解；（四）必须亲身体验过中国人民的生活；（五）必须懂中文；（六）必须获得中国科学家和学者们的广泛支持。接着，他带着当仁不让的口气说：“所有这些难得的综合条件，恰巧我都具备了。”他确实都具备了，竺可桢先生送他的礼物《古今图书集成》，一次就是一万卷。但是，光读万卷书还是不够，这三十多年来，他每次来中国，都要到考古研究所，到许多省市，去看考古新发掘，所以后来有一次，他对夏鼐说，应该补充第七个条件：必须对中国考古学有所了解。夏鼐编他的论文集《考古学和科技史》，在“编后记”中说：“第一篇‘考古学和科技史’可算是全书的‘代序’。这篇内容，在表面上是介绍自1966年以来我国有关科技史的考古新发现，实际上是想说明考古资料对于科技史研究工作的重要性，同时也是告诉考古工作的同行们，应该设法取得科技工作者的协助，以解决考古学上的问题，有些同时也是科技史上的重要问题。”[①] 关于湖南长沙马王堆汉墓出土文物和湖北隋县曾侯乙墓出土文物等的综合研究，都是考古学家和科学史家合作的重要成果。河南省考古工作者带头筹备成立河南省科学技术史学会不是偶然的。

第四，按照传统的说法，历史学家要掌握四项基本知识，即：职官、年代、版本、目录。其中年代学即和天文学史发生密切关系，尤其上古史的研究，更是离不开天文学方法。前巴比伦王朝开始于何时？1911 年库格勒（F. X. Kugler）根据泥板上一段关于金星的记录，断定前巴比伦王朝开始于公元前 2225 年，汉谟拉比（Hammurabi）在位时间是公元前 2123 年至公元前 2081 年。但最近的研究，有人认为库格勒的计算可能是错误的，整个时代要晚约 400 年：前巴比伦王朝在公元前 1894 年至公元前 1595 年，汉谟拉比在位时间是公元前 1792 年至公元前 1750 年。这样一来，也就和中国的夏朝相当了。

中国的《尚书 · 胤征》篇有“乃季秋月朔，辰弗集于房”的记载，一般史学家认为这是发生在夏朝仲康时期的一次日食，但具体是何年，历来有所争论，最近美国彭瓞钧考虑到地球自转的不均匀性，利用电子计算机算出这次日食发生在公元前 1876 年 10 月 16 日，当时的地球自转周期比现在短千分之六十秒。武王伐纣发生在哪一年，也是一个悬而未决的问题，有人主张发生在公元前 1122 年，有人主张发生在公元前 1027 年，上下相差达 95 年。1978 年张钰哲把《淮南子 · 兵略训》中武王伐纣时有彗星出现的一段话，当作是哈雷彗

① 夏鼐. 考古学和科技史 [M]. 北京：科学出版社，1979: 135.

星出现的记载，从而由哈雷彗星的轨道元素回推，得武王伐纣为公元前1057年。但是，这个记载的可靠性是有问题的，从武王伐纣到编写《淮南子》已过了八九百年。就算这段记载是可靠的，也不一定指的是哈雷彗星，因为还有其他周期彗星或非周期彗星，也相当亮。最近黄一农有一篇重要文章《中国古史中的"五星聚舍"天象》（*A Study of Five-Planet Conjunctions in Chinese History*），对近几年来美国班大卫（D. W. Pankenier）等利用天象记录对武王伐纣、夏桀以至夏禹等年代所做的断定进行质疑，历史学家们应该关心这方面的进展。

五、简短的结论

由以上的讨论可以看出，科学史是一门历史科学，但是是一门具有特殊研究对象的历史科学。它的研究者除了要接受历史学的训练外，还必须有自然科学的素养。它的内容基本上可以分为两大方面：第一，研究科学发展本身的逻辑规律；第二，研究科学发展和各种社会现象（政治、经济、宗教和文化等）之间的互动关系。这些研究对进行科学研究、制定科技政策、搞好科技管理、进行科学教育都有参考价值，对在更深的层次上认识人类社会的历史也是必要的。因此我们希望历史学家热情帮助科学史家，和科学史家密切合作，努力发展这一学科。当然，对于中国科学史来说，我们还有一个继承遗产和总结经验的问题，更应该受到重视。

（本文系作者1990年2月在台北"中研院"历史语言研究所的演讲。）

三论

中国科学的传统与未来

◎中国古代有没有科学？

◎中国古代科学是否只是辉煌的过去？

◎中国传统文化的科学精神

◎中国科学的未来

一、中国古代有没有科学?

中国最早的一份科学刊物是1915年创刊的《科学》，创办人任鸿隽在创刊号上发表了《说中国无科学之原因》。1922年哲学家冯友兰又在《国际伦理学杂志》上用英文发表《为什么中国没有科学？——对中国哲学的历史及其后果的一种解释》。在他们的影响下，外国人戴孝骞（H. H. Dubs）等开始研究这一问题。1944年吴藻溪将德籍犹太历史学家魏特夫（K. A. Wittfogel）的《中国为什么没有产生自然科学》译成中文之后，又引起了国人的讨论。1946年竺可桢发表的文章《为什么中国古代没有产生自然科学》，仍然认为中国古代没有自然科学。但这时陈立和钱宝琮的文章，观点已经开始变化，认为中国古代不是没有自然科学，而是不发达。其后，英国学者李约瑟开始研究中国科技史。他发现，中国古代科学不是不发达，而是很发达，从公元前1世纪到公元15世纪，在许多领域远比西方领先，问题是："为什么以伽利略为代表的近代科学——连同它对先进技术的一切影响产生在欧洲，而不发生在中国？"这就是现在所谓的李约瑟难题。李约瑟认为，近代科学从方法上有别于古代的地方是将数学与实验结合起来。他分析伽利略方法的特点是：

（1）从所讨论的现象中，选择几个可用数量表示的特点。

（2）提出一个包括所观察各量之间的数学关系式在内的假说（模型）。

（3）从这个假说推出某些能够实际验证的结果。

（4）观察，然后改变条件，再观察——即进行实验（反复实验），尽可能把测量结果用数值表示出来。

（5）接受或否定第二步所做的假说。

（6）用已接受的假说作新的假说的起点，并让新的假说接受检验。

如果说，只有有意识地按照这样完整的六步进行的工作，才是科学研究的话，不但中国古代没有，西方也没有，就连文艺复兴时期的巨人达·芬奇（L. da Vinci）也还没有做到这一步。科学史这门学科的奠基者萨顿说：

> "直到14世纪末，东方人和西方人还是在企图解决同样性质的问题时共同工作的。从16世纪开始，他们走上不同的道路。分歧的基本原因，虽然不是唯一的原因，是西方科学家领悟了实验的方法并加以应用，而东方的科学家却并未领悟它。"

任鸿隽、冯友兰、竺可桢说中国古代没有自然科学，实际上都是指的没有这套实验方法，并不是说中国古代没有科学成就。我们今天理解，科学应该包括科学方法、科学成就和科学精神。

20世纪80年代有位留美学者名叫钱文源。他的一本书《巨大的惰性——论中国科学的落后》[①]，认为中国古代是四无：一无对科学

① 此书英文书名为 *The Great Inertia: Scientific Stagnation in Traditional China*，根据作者的原意，应译为《巨大的惯性：论古代中国的科学停滞现象》。——本书编辑注

的兴趣，二无科学教育，三无科学的思想方法，四无对科学作用的认识。我认为，这种看法过于偏激。任何国家，任何民族，为了解决自己的衣食住行问题，都必须发展生产，必须去认识自然界，去发展自然科学，只是关注的程度有所不同，发展的方式有所不同，发展的水平有所不同而已。中华民族能够持续发展几千年，没有对科学的兴趣和关注是不可能的。明末的王锡阐（1628—1682），每遇天色晴朗，即登屋观测天象，竟夕不寐；每遇日食、月食，即以自己事前所推算结果和观测进行比较，“合则审其偶合与确合，违则求其理违与数违，不敢苟焉以自欺”。如果对科学没有兴趣能这样做吗？

说到教育，《周礼》中规定的学校教育内容，礼、乐、射、御、书、数，即“六艺”，其中数即数学，乐和物理学有关，射和机械有关。从隋代起，在最高学府国子监中，即设有算学博士和助教两种职位，到唐代更由李淳风等共同审定和注释了十部数学书，编为“算经十书”作为教材。这十部书至今仍是世界数学史家们研究的对象。

钱文源所说的科学的思想方法，主要是指希腊人的数学模型法（伽利略方法中的第二点）。这种方法在中国古代是缺乏，但也不是绝对没有。《周髀算经》中陈子和荣方的一段对话，就是假设太阳在一平面环绕北极旋转，这平面与地平行，而地平不动，再把两个观测数据和相似直角三角形相当边成比例的关系结合起来，讨论“日之高大，光之所照，一日所行，远近之数，人所望见，四极之穷，列星之宿，天地之广袤”。虽然，其中观测数据误差很大，所用的数学方法也有它的局限，所得结果也不对，但它用数学把观测和理论结合起来，从而构造出一个模型以解释自然现象，在当时不能不说是一个超时代的贡献。可惜这个合理的内核后来没有得到重视和发展。

科学对社会的作用，是随着时间的前进，逐渐显露出来的。西方到了与伽利略同时代的培根（F. Bacon）才预感到科学的发展将导致“一系列的发明，而它们将在一定程度上征服人类所感到的贫困和苦恼”。“知识就是力量”即是他的著名格言。“科学是一种在历史上起推动作用的革命的力量”，这句话只有到了19世纪恩格斯才能说出来。在中国古代，科学的社会地位，并不像我们想象的那么坏。秦汉以来，那些稍微稳定和长久的朝代，都为科学的发展多多少少尽过力。即使是焚书坑儒的秦始皇，也不烧“医药、卜筮、种树”之书，还组织300多人进行天文、气象观测。任何一位统治者，想要长治久安，想要持续发展，都不能不关心科学。秦朝的迅速灭亡，并不是因为不重视科学，而是其他的问题。

说中国古代只有技术，没有科学，这是一种错觉。培根和马克思、恩格斯对造纸术、印刷术、火药和指南针的推崇，只是因为这几样东西适应了文艺复兴和资产阶级走上政治舞台的需要，并不是说中国只有四大发明。李约瑟为了证明中国传到西方的不只这四件东西，在他的《中国科学技术史》第一卷中以a，b，c，d为序号排列，一口气写到“z. 瓷器”。他说：“我写到这里用了句点，因为26个字母都已用完了，但还有许多例子，甚至很重要的例子可以列举。”李约瑟在这一节里讲的是“技术的西传”，而且只是“少数有关机械和其他技术提前来叙述”，不包括科学在内。

中国人是不是只讲求实用，而忽略了基础研究？事实上并非如此。在数学方面，祖冲之关于圆周率的计算，准确到小数点后七位，在世界上领先了一千年。他从圆内接正六边形开始，依次将边数加倍，求各正多边形的边长和面积，边数越多，正多边形的面积和圆的面积就越接近，求得圆周率也越准确。他一直算到圆内接正24576边形。$24576=6\times2^{12}$，也就是说，要把同一运算程序反复进行12次，每一运算程序又包含有对9位数进行加、减、乘、除和开方等11个步骤。就是今天，用笔来进行计算，也不是一件容易的事，更何况当时是用算筹摆来摆去呢，而这项研究并没有什么实用意义！

《墨经》中的光学部分，虽然只有八条，仅300余字，但次序安排合理，逻辑严密，堪称世界上最早的几何光学著作。前五条，首论影的成因，次述光和影的关系，第三以针孔成像论证光的直线进行，接着又说明光的反射，最后讨论光、物、影三者的关系，这样，光学中的影论部分已基本具备了。后三条分别论述平面镜、凹面镜、凸面镜的成像规律，正是光学中像论部分的基本内容。八条合起来即为几何光学的基础，没有做过实验是写不出来的，没有对实验的忠实记录也是写不出来的。

在化学方面，西汉时的《淮南万毕术》中即发现了金属置换反应。该反应是将铁放在硫酸铜即胆矾溶液中，使胆矾中的铜离子被金属铁置换而成为单质铜沉淀下来的产铜方法，该方法到宋代曾广泛应用于生产，是水法冶金技术的起源。东汉末年的《周易参同契》认识到了物质进行化学反应时的配方比例关系。东晋时的《抱朴子·内篇》发现了化学反应的可逆性。不少事实说明，中国人比阿拉伯人更早地为原始形态的化学做出了贡献。

谈到生物学，不能不想起达尔文。他在《物种起源》里说：

> “如果以为选择原理是近代的发现，那就未免和事实相差太远，……在一部古代的中国百科全书中已经有关于选择原理的明确记述。”

其后，在他的《动物和植物在家养下的变异》一书中，又引用了大量中国资料，作为他的学说的例证。我们的祖先不仅认识到变异的普遍性和它同环境、条件的关系，而且认识到可以利用变异为材料，通过人工选择来培育新品种。宋代王观在《扬州芍药谱》中说：

“今洛阳之牡丹，维扬之芍药，受天地之气以生，而小大浅深，一随人力之工拙，而移其天地所生之性，故奇容异色，间出于人间。”

又说：

“花之颜色之深浅，与叶蕊之繁盛，皆出于培壅剥削之力。”

这把遗传和变异的关系，以及人工选择在变异中的作用说得一清二楚。所谓“天地所生之性”即遗传性。人工选择的方法，中国也有多种多样。在公元前1世纪的《氾胜之书》中就提出小麦的穗选法，说：

“取麦种，候熟可获，择穗大强者，斩，束立场中之高燥处……顺时种之，则收常倍。”

到了公元6世纪的《齐民要术》，关于人工选择的记载就更多了，在猪、羊、鸡、蚕等家养动物和禾、粟、稷、秫等栽培作物中，普遍地应用了人工选择的方法来选育新品种。

通过人工杂交形成的新品种，可以把两个或两个以上亲本的优良性能结合起来，产生一个具有更高生产性能和更能抵抗不良环境的新的生物类型。杂交分有性杂交和无性杂交两种，它们在中国古代都有相当突出的例子。马和驴杂交产生骡子就是个典型的例子。骡子结合了马和驴的特点，而胜于马和驴。它从马那里得到体大、力大、活泼等优点，又从驴那里得到稳健、不易激动、忍耐力强的优点。到目前为止，像骡子这样有用的种间杂交，也还是少见的。至于无性杂交的嫁接技术，在我国更是普遍。《齐民要术》就有利用不同种的树木进行嫁接，来提早果树结实和改良品质的记载。1688年陈扶摇在《花镜》中说：

“凡木之必须接换，实有至理存焉。花小者可大，瓣单者可重，色红者可紫，实小者可巨，酸苦者可甜，臭恶者可馥，是人力可以回天，惟在接换之得其传耳。”

正因为我国有丰富的关于遗传育种的知识，才培育了许多动植物的优良品种，创造了大量的物质财富，对世界文明做出了重要贡献。

中国人在天文学、地学和医药学方面的成就，那是有口皆碑，谁也抹杀不了的，就不用再说了。

二、中国古代科学是否只是辉煌的过去？

中国古老深厚的传统文化对当代科技发展有着重要的促进作用，可以归纳为四个方面。

一是中国系统思维在当代科技综合趋向中的启发作用。近代科学发展四百多年，建立了庞大的分析型学科体系，在很多方面较精确地研究了自然界。但它也有不足之处，发展综合、非线性、复杂性、开放系统的研究，已成为当代改变观念、推动科学发展的时代强音，而这类研究正是中国传统文化的优势，可以有启发作用。耗散结构理论的创建者，曾获诺贝尔奖的普里戈金（I. Prigogine）1979年说：

"我们正向新的综合前进，向新的自然主义前进。这个新的自然主义将把西方传统连同它对实验的强调和定量的表述，同以自发的自组织世界的观点为中心的中国传统结合起来。"

1986 年他又在《探索复杂性》一书中说：

"中国文化具有一种远非消极的整体和谐。这种整体和谐是各种对抗过程间的复杂平衡造成的。"

四川水利工程都江堰历经两千年而不衰，渠首工程的鱼嘴、飞沙堰、宝瓶口三者巧妙结合，分水、分沙的合理性，工程维修的科学性和简单性，充满了中国古人治水的整体性和复杂性思想，对当今的水利工程建设有丰富的启示。协同学（Synergetics）的建立者，德国物理学家哈肯（H. Haken）说：

"我认为协同学和中国古代思想在整体性观念上有很深的联系。"

"虽然亚里士多德也说过整体大于部分，但在西方，一到对具体问题进行分析研究时，就忘了这一点，而中医却成功地应用了整体性思维来研究人体和防治疾病，从这个意义上说中医比西医优越得多。"

他说，西方的分析式思维和东方的整体性思维都是他建立协同学的基础。

二是古代的天人合一思想，强调人与自然的和谐关系，对当代的环境科学、区域开发和技术发展有明显的积极意义。《旧约全书》说上帝给人的训谕是：

“你们要生养众多，遍满大地。凡地上的走兽和空中的飞鸟，都必惊恐，惧怕你们。地上的一切昆虫并海里的一切鱼，都交付你们的手。凡活着的动物，都可以做你们的食物，这一切我都赐给你们，如同菜蔬一样。”

与这种主张无限发展人口和无限掠夺自然的思想相反，中国在周朝就颁布了《野禁》和《四时之禁》，不准违背时令砍伐木材、割草烧灰、捕捉鸟兽鱼虾，设立了管理山林川泽的官员。战国时期的韩非就认识到了人口膨胀带来的社会问题，他说：

“今人有五子不为多，子又有五子，大父未死而有二十五孙，是以人民众而货财寡，事力劳而供养薄，故民争，虽倍赏累罚而不免于乱。”（《韩非子·五蠹》）

这比马尔萨斯（T. Malthus）的《人口论》（1798年）早两千多年。

除了保护生态和节制生育外，更重要的是发展生产。要持续发展，首先得解决农业问题。《吕氏春秋·审时》篇说：

“夫稼，为之者人也，生之者地也，养之者天也。”

把农业生产中天、地、人三者看作彼此联结的一个有机的整体，主张顺天时，量地利（根据地区和土壤等条件进行种植），尽人力（精耕细作、间作套种等）。这一套完整的农业思想，在现代的农业生产中，仍然闪闪发光。

在防治水灾方面，也有人与自然的双重关系。古代即有“非河犯人，人自犯之”一句名言。现在高坝、大库修得很多，但水灾越来越严重，问题就是忘记这条教训，有的地方把开发区设在河滩内，水来了当然损失很大。搞系统工程的，只有对物和技术的重视是不够的，还要考虑“事”和人的因素。顾基发教授根据天人合一思想，最近提出了 WSR[①] 系统工程方法论。此方法认为在处理复杂问题时，既要知物理，又要明事理（考虑这些物如何更好地被运用到事的方面），最后还要通人理。

三是自然史料在现代科学研究中的应用。我国地域广大，历史悠久，对许多自然现象的观察时间之长，记录之详，堪称世界之最。首先注意到中国天文记录重要性的是法国大天文学家、大数学家拉普拉斯（Pierre-Simon Laplace），1796 年他在《宇宙体系论》里说：

> “法国图书馆所藏许多手稿里，有不少是还没有经人整理的观测，它们对于天文学可能有所阐发，特别是对于天体运行上的长期差。这一工作应引起熟悉东方语文的学者们的注意，因为认识宇宙体系里的大变化，并不比法国大革命更少趣味。”

他是看了在华传教士宋君荣（A. Gaubil）写回的手稿说这番话的。宋君荣提供的中国关于黄赤交角的观测，为拉普拉斯的天体力学理论提供了佐证。第二次世界大战以后，射电天文学的出现，使对超新星遗迹的认证工作显得重要起来，而在这方面，中国记录更能发挥作用。担任过美国原子能委员会主席的麻省理工学院教授韦斯科夫（V. F. Weisskopf）甚至这样说：

> “在人类历史上有两个 7 月 4 日值得永远纪念。一个是 1776 年 7 月 4 日，美利坚合众国成立，一个是 1054 年 7 月 4 日，中日两国天文学家记录了金牛座超新星的爆发，这次爆发产生了蟹状星云。”

① WSR，即物理、事理、人理的汉语拼音首字母。——本书编辑注

蟹状星云是当今天文学的前沿阵地，担任过美国基特峰国家天文台台长的伯比奇（G. Burbidge）说，当今天文学的研究可以分为两部分：蟹状星云的研究和其他天体的研究。东方天文记录的现代应用，现在已成为一个很受关注的课题，许多国家都有人在做。

历史资料在地球科学研究工作中也很重要。竺可桢关于气候变迁的研究就是一例。从1925年开始，他不断地从经、史、子、集中收集有关天气变化、动植物分布、冰川进退、雪线升降、河流湖泊冻结等资料，加以整理，于1972年临终前发表《中国近五千年来气候变迁的初步研究》，重建五千年气温变化史，受到全世界的关注。文章发表后立即被译成英、德、法、日和阿拉伯诸种文字，英国《自然》杂志发表评论说：

> “竺可桢的论点是特别有说服力的，着重说明了研究气候变迁的途径，西方气象学家无疑将为能获得这篇综合性研究文章感到高兴。”

现在，研究全球性的气候变化，已成为一个重要课题，各国都在大量投入资金，计算机模拟等手段均已用上，而竺可桢开创的历史方法仍不失为一条途径。

中华人民共和国成立初期，竺可桢和李四光主持的《中国地震资料年表》的编制及有关的研究工作，既是基础研究，又具有现实意义。地震预报十分困难，世界各国地震学家长期努力至今尚未研究出有效方法。在中华人民共和国成立前，我国地震台站只有北京和南京两处，中华人民共和国成立以后最初几年，虽逐年增设，但为数也不多，且为时又短，远远不能满足第一个五年计划建设的需要。第一个五年计划的主要任务是发展重工业。按照建厂的程序，在选择厂址时，首先需要知道建厂地点的地震烈度。地震烈度若可能达到7度以上，基本建设就要加防固设备；地震烈度若可能达到10度以上，则根本不能建厂，其他条件再好，也得放弃。在这种紧迫情况下，只有发挥我国历史记录的优势，组织大量人员搜集各地各代资料，总结选厂地点的地震状况。他们列出了五百多个地点的地震烈度，绘出等震线，做出中国地震区域图，满足了当时经济建设的需要。此项工作在1976年唐山大地震以后显得更重要，中国社会科学院、中国科学院和国家地震局又联合起来，重新组织力量，再做更细致的工作，历时五年，完成了五卷《中国地震历史资料汇编》。

类似于地震烈度研究对工程建设所起作用的史料工作，还有中国水利水电科学研究院水利史研究所关于“三峡地区大型岩崩和滑坡历史及现状的考察研究”课题，这是为跨世纪的三峡工程所做的准备工作中不可少的一部分。研究人员查阅了有关历史文献和地质勘测资料，先后三次去现场考察，在此基础上形成了相应的历史模型，进而提出了可行性方案。报告指出了过去近两千年间，大型岩崩滑坡集中在某几个河段；集中发生的周期和季节规律；最大规模只是短时间堵江，未形成经年的拦江堆石坝。报告还指出秭归、巴东境内的黄蜡石和新滩两地岩崩规模最大、危害严重，应先期整治和预防，但不致制约三峡工程建设。从而，对三峡地区今后可能出现的类似地质灾害在地理分布、发生诱因、可能的规模和频率等方面，提供了一个实在的参考，成为预测它们对工程施工、今后的运行以及城镇和航运安全影响的依据。在这里，“历史模型”取得了地质理论分析和计算都难以得到的成果。

四是把传统科学作为目的基因转入现代科学中，使现代科学得以有新的发展。在这方面最成功的一个例子便是吴文俊院士从事的几何定理的机器证明及其应用。

数学定理的机器证明是吴文俊院士继承我国古代数学传统开创的数学机械化工作的一部分。“机械化”是相对“公理化”而言的。公理化思想起源于古希腊，欧几里得的《几何原本》就是这方面的代表作，它创造了一套用定义、公理、定理构成的逻辑演绎体系。我国的数学著作，自汉代的《九章算术》起则创造了另一种表达方式，它将246个应用问题，区分为九大部分（章），在每个部分的若干同类型的具体问题之后，总结出一般的算法。这种算法比较机械（刻板），每前进一步，都有有限多个确定的可供选择的下一步，这样沿着一条有规律的刻板的道路一直往前走就可以得出结果。而这种以算为主的刻板的做法正符合计算机的程序化。吴文俊利用我国宋元时期发展起来的增乘开方法与正负开方法，在HP25型袖珍计算器上，利用仅有的8个储存单位，编制一个小程序，竟可以解高达5次方的方程，而且可以达到任意预定的精度。

我国宋元时期数学发展的另一个特点，是把许多几何问题转化为代数方程与方程组的求解问题（后来17世纪法国的笛卡儿发明的解析几何也是这样做的）。与这相伴而生，又引进了相当于现代多项式的概念，建立了多项式的运算法则和消元法的有关代数工具。吴文俊以其深厚的几何学和拓扑学功底，吸收了宋元时期数学的这两大特点，将几何问题用代数方程表达，接着对代数方程组的求解提出一套完整可行的算法，用之于计算机。1977年先在平面几何定理的机器证明方面取得成功；1978年推广到微分几何；1983年我国留美青年学者周咸青在全美定理机器证明学术会议上介绍了吴文俊的方法，并自编软件，一鼓作气证明了500多条难度颇高的几何定理，轰动了国际学术界。

穆尔认为，在吴文俊之前，机械化的几何定理证明处于黑暗时期，而吴文俊的工作给整个领域带来光明，一个突出的应用是由开普勒行星运动三大定律自动推导出牛顿万有引力定律，这在任何意义上都应该说是一件了不起的事。然而吴文俊并未就此满足，他说：

> “继续发扬中国古代传统数学的机械化特色，对数学各个不同领域探索实现机械化的途径，建立机械化的数学，则是本世纪以至绵亘整个21世纪才能大体趋于完善的事。”

1996年8月26日在汉城[①]召开的第八届国际东亚科学史会议上，我将以上四点做了介绍以后，大家很受鼓舞，8月28日《韩国经济新闻》以通栏大标题做了报道。有人觉得英国历史学家汤因比（A. J. Toynbee）于1973年临终前对池田大作说的话可能是对的。他说：

> “我所预见的和平统一，一定是以地理和文化主轴为中心，不断结晶扩大起来的。我预感到这个主轴不是在美国、欧洲和苏联，而是在东亚。”
>
> “中国人和东亚各民族合作，在被人们认为是不可缺少和不可避免的人类统一过程中，可能要发挥主要作用。”

三、中国传统文化的科学精神

什么是科学精神？有各种不同的说法，但又大同小异，这里采用竺可桢的说法。竺可桢于1941年在《科学之方法与精神》一文中分析了近代科学的先驱哥白尼、布鲁诺（Giordano Bruno）、伽利略、开

① 韩国首都首尔，时称汉城。——本书编辑注

普勒、牛顿和波义耳等六个人的生平事迹，从他们身上总结出了三个特点，认为这些即是文艺复兴以后的欧洲近代科学精神。这三点是：（1）不盲从，不附和，一切以理智为依归，如遇横逆之境，则不屈不挠，只问是非，不畏强暴，不计利害；（2）虚怀若谷，不武断，不专横；（3）专心一致，实事求是，不作无病之呻吟，严谨整饬毫不苟且。后来，他在浙江大学的一次演讲中，又把这三点归纳成为两个字，即“求是”。他认为求是精神，就是追求真理，不盲从，不附和，不武断，不专横。而求是的途径则在儒家经典《中庸》中已说得很明白：“博学之，审问之，慎思之，明辨之，笃行之。”即单靠读书和做实验是不够的，必须多审查研究，多提疑问，深思熟虑，明辨是非，把是非弄清楚了，就尽力实行，不计个人得失，不达目的不罢休。

在这里，竺可桢已把现代科学精神和中国传统文化联系起来了，但没有更多展开。事实上，科学精神属于精神文明的范畴，它在追求真理和坚持真理这一点上，和人文精神是一致的。而人文精神在中国传统文化中有着丰富的遗产，仅以《论语》为例，我就觉得有许多论点和竺可桢所谈科学精神是一致的。

《论语·子罕》有云：“子绝四：毋意，毋必，毋固，毋我。”这就是说，孔子在讨论问题的时候不主观、不武断、不固执、不唯我独尊。这不就是“无偏见性”和“虚怀若谷”吗？孔子主张“学而不思则罔，思而不学则殆”，这里的“思”是思考的意思。就是说，光读书不思考、不怀疑，就罔然无所解，光思考不学习，就殆然无所得，这又和“怀疑性”与“不盲从”是一致的。孔子反对附和，反对盲从，颜回虽是他的得意门生，但孔子对“吾与回言终日，不违，如愚”是不满意的。他说“回也，非助我者也，于吾言无所不说”。相反，他却提倡“当仁不让于师”。对孔子来说，“仁”是人之所以为人的性质，即人道的最高真理，一旦掌握了这个真理，就是老师也不让，而且提倡“志士仁人，无求生以害仁，有杀身以成仁”，也就是说，在真理与生命之间进行比较，真理更重要。布鲁诺为坚持日心说，宁死不屈，被烧死在罗马鲜花广场上，不正是这种精神的体现吗？

孔子这种坚持真理的精神，为中国历代的优秀知识分子所继承。孟子“富贵不能淫，贫贱不能移，威武不能屈”；陶渊明“不为五斗米折腰”；文天祥大义凛然，临刑前写下了气壮山河的《正气歌》。这些动人的事迹不但鼓舞了中国人民反帝反封建的英勇斗争，也成为中国科学家求实、献身精神的思想源泉。正如1989年3月王绶琯院士在中国天文学会第六次代表大会上的“祝辞”中所说：

> “我们中国的天文工作者，远溯张衡、祖冲之，近及张钰哲、戴文赛，虽然时代不同，成就不等，但始终贯串着一股‘富贵不能淫，贫贱不能移’的献身、求实精神。”

任何传统都有精华和糟粕两个方面。问题是我们要善于保持和发扬精华，敢于淘汰那些糟粕。杨振宁在《近代科学进入中国的回顾与前瞻》中说：

> “儒家文化的保守性是中国三个世纪中抗拒西方科学思想的最大原因。但是这种抗拒在今天已完全消失了。取而代之的是对科技重要性的全民共识。”
>
> “儒家文化注重忠诚，注重家庭人伦关系，注重个人勤奋忍耐，重视子女教育。这些文化特征曾经而且将继续培养出一代又一代勤奋而有纪律的青年。与此相反，西方文化，尤其是当代美国文化，不幸太不看重纪律，影响了青年教育，产生了严重的社会与经济问题。”

竺可桢、王绶琯和杨振宁，他们都是受过西方教育的有成就的科学家，他们深感中国传统文化中的科学精神对他们的培养之恩。那些轻视中国传统文化，认为中国传统文化妨碍科学发展的说法是站不住脚的。

四、中国科学的未来

杨振宁在《近代科学进入中国的回顾与前瞻》最后说，到了21世纪中叶，中国极可能成为一个世界级的科技强国。我同意他的这个结论。

中国人有没有能力从事近代科学？这个回答是肯定的。英国李约瑟本来是一位生物化学家，与中国毫无关系。1937年，他的实验室里来了三个中国留学生（王应睐、鲁桂珍和沈诗章），其聪明才智使他大为震惊，他觉得能培养出这样学者的国度必然有高度的文化，于是他在37岁这年开始学中文，后来改行研究中国科学史。抗日战争末期，他在英国驻华大使馆担任科学参赞，并组建中英科学合作馆，后来把他记述抗战时期中国科学家工作的一本书取名《科学前哨》（*Science Outpost*）。他在序中说：

> “书名似乎应当稍加解释。并不是我们中英科学合作馆的英籍同事在中国，而以科学前哨自居。我所指的是我们全体，不论英国人还是中国人，构成中国西部的前哨。”
>
> “这本书如有任何永久性的价值，一定是因为它提供一类记录（虽然不甚充分）……看到中国这一代科学家们所具有的创造力、牺牲精神、坚韧、忠诚和希望，我们深以他们为荣，今天的前哨就将成为明天的中心和司令部。”

可见他对中国科学的未来是多么充满信心！这本书很值得一看。

到1995年7月为止，美国国家科学院在世的1672名院士中，华人科学家有30位，占1.8%；美国工程院1348名院士中，华人有43位，占3.2%。这个比例虽然不高，但可以证明，在当代世界科技最强国的评估中，华人还是占有一席之地的。而且还要考虑到，1949年以后，中国科学家有许多杰出的成就是保密的，如原子弹和导弹的研制等，外界很少知道，国际学术交流也中断了许多年。美国评选外籍院士，很少会考虑到这一部分中国学者。事实上，他们选举中国大陆学者为外籍院士，是从1982年才开始的，至今只有六人：华罗庚（1982年）、夏鼐（1984年）、谈家桢（1985年）、冯德培（1986年）、周光召（1987年）、贾兰坡（1994年）。被选为工程院外籍院士的是王淀佐（1990年）和郑哲敏（1993年）。因此这只能是一个参考指标。

最能说明中国人能够自力更生、独立自主搞科学的是杨振宁搜集的十项产品的年代比照表，现在把这个表转录如下：

表1 杨振宁搜集的十项产品的年代比照表

第一次制成	年份					
	美国	苏联	英国	法国	日本	中国
反应堆	1942	1946	1947	1948	—	1956
原子弹	1945	1949	1952	1960	—	1964
氢弹	1952	1953	1957	1968	—	1967
人造卫星	1958	1957	—	1965	1970	1970
喷气机	1942	1945	1941	1946	—	1958
M2飞机	1957	1957	1958	1959	—	1965
试制计算机	1946	1953	1949	—	1957	1958
计算机（商品）	1951	1958	1952	—	1959	1966
半导体元件	1952	1956	1953	—	1954	1960
集成电路	1958	1968	1957	—	1960	1969

注：本表数据截止至1996年9月。

从上表可以看出，我们的速度是很快的。从原子弹到氢弹，我们所花费的时间最少，法国八年，美国七年，英国五年，苏联四年，中国只有三年，爆炸在法国之前。还要注意一点，别的国家的科学家，是全力以赴搞科学，中国科学家要政治学习、劳动锻炼、下乡“四清”，至于“文化大革命”那样的干扰就不用提了。在过去时间很少的情况下，能做出如此巨大成绩，今后政治形势稳定，不再以阶级斗争为纲，不再搞运动，科学家有足够的时间钻研业务，肯定能出更多更好的成果。

发展科学要有人，这个人得有时间，还得有钱。再伟大的科学家也不能赤手空拳站在自然界面前，他要生活，他要获取别人的信息（图书、资料），他要有观测和实验的设备，这些都要钱。今天，我们的科研经费仍然紧张，仍然需要加大投入，但和中华人民共和国成立前相比，已有本质的不同。今天，政府择优支持，攀登计划等都属于这一类。以天文学来说，太阳物理学科的经费相对来说就比较充足，原因是科研人员 20 世纪 80 年代研制出的太阳磁场望远镜，其功能比美国同样类型的两台仪器之和还大，能观测光球、色球两层中矢量磁场和速度场；90 年代发明的太阳九通道望远镜，使世界天文学界为之倾倒，日本、美国和欧洲等许多国家和地区，有的要买我国的仪器，有的正在积极采用我国的思路发展大型空间和地基太阳磁场和速度场系统。

“九五”期间上马的国家大型工程“大天区面积多目标光纤光谱望远镜”，简称 LAMOST，又是一例。这项天文界经过十年酝酿，多次讨论，三易蓝图，到 1994 年才定型的计划，终于得到国家支持，拿出 1.7 亿元的经费来，这是给我们莫大的鼓舞！

“工欲善其事，必先利其器。”回想 1912 年中央观象台成立时一架望远镜也没有；20 世纪 30 年代紫金山天文台建成，有了 60 厘米反射望远镜，但抗战期间，几经搬迁，什么也没有做成；20 世纪 90 年代初我们有了上海天文台的 1.56 米望远镜，北京天文台的 2.16 米望远镜和 1.26 米红外望远镜，青海的 13.7 米毫米波射电望远镜……各项工作蒸蒸日上。我国现在每年发表的天文学论文都在 1200 篇以上，1994 年高达 1464 篇，而 1911 年至 1948 年总共才 944 篇，只是 1994 年一年的 65%，可见其进步之大。1996 年 8 月 1 日至 4 日，在香港举行了 21 世纪中华天文学研讨会，到会 180 多人，其中来自中国内地的占 1/2，来自中国港台地区的占 1/4，来自国外的占 1/4。大家满怀信心展望 21 世纪，一致认为，中华民族有着悠久的天文观测传统，对世界天文学的发展曾经做出了独特而重要的贡献。现在，中国天文学又在蓬勃兴起，进入 21 世纪，中国天文学家和天体物理学家将会取得更辉煌的成就。

在当代各门自然科学中，天文学是花钱较多而经济效益又最少的一门小学科。这样一门小学科都能有如此大的发展，其他学科的前景就更光明了。所以我是满怀信心地进入 21 世纪，21 世纪中国将成为科技强国。当然，这样说不是看不到问题，在前进的道路上总是会有困难和错误的，但根据 20 世纪发展的经验，困难总是会被克服的，错误总是会得到改正的。

（本文系作者 1996 年 9 月在中共中央党校省部级干部学习班上的报告。）

四论

中国传统文化里的科学方法

◎从大胆假设和小心求证谈起

◎《中庸》的学、问、思、辨、行

◎《大学》的格物致知

◎《孟子》的民本和求故

一、从大胆假设和小心求证谈起

1933 年 6 月 10 日爱因斯坦到英国牛津大学讲“关于理论物理学的方法”，开头第一句就是：

> “如果你们想要从理论物理学家那里发现有关他们所用方法的任何东西，我劝你们严格遵守这样一条原则：不要听他们的言论，而要注意他们的行动。对于这个领域的发现者来说，他的想象力的产物似乎是自然而然的，以至他会认为，而且希望别人也会认为，它们不是思维的创造，而是既定的实在。”①

钱学森也有类似的看法，他在“为《科学家论方法》一书写的几句话”中说道：

> “科学研究方法论要是真成了一门死学问，一门严格的科学，一门先生讲学生听的学问，那大科学家也就可以成批培养，诺贝尔

---

① 许良英，等. 爱因斯坦文集：第一卷 [M]. 北京：商务印书馆，1976: 312.

奖金也就不稀罕了。”[①]

爱因斯坦和钱学森的话都是经验之谈。的确，科学研究没有纯粹的逻辑通道，没有卓有成效地运用各种方法的能力，只能来自科学研究的实践活动。纯粹的方法论研究，只能够给人以借鉴和启发，从而增强研究主体方面的理论修养，起到一定的帮助作用。

我国近代学者中讨论科学方法最多的一个人是胡适。1952年12月，他在台湾大学广场讲“治学方法”，一连三天，人山人海，可谓盛矣。第一天是“引论”，他说：

> “我们研究西方的科学思想，科学发展的历史，再看看中国两千五百年来凡是合于科学方法的种种思想家的历史，知道古今中外凡是在做学问、做研究上有成绩的人，他们的方法都是一样的。古今中外治学的方法都是一样的。”[②]
>
> “方法是甚么呢？我曾经有许多时候，想用文字把方法做成一个公式、一个口号、一个标语，扼要地说出来；但是从来没有一个满意的表现方式。现在我想起我二三十年来关于方法的文章里面，有两句话也许可以算是讲治学方法的一种很简单扼要的概括。那两句就是：大胆的假设，小心的求证。”[③]

大胆假设和小心求证，两者不是并列，重要的是求证。胡适第二天讲“方法的自觉”，举例说，1860年赫胥黎（Thomas Henry Huxley）的儿子死了以后，宗教家金司莱（Charles Kinsley）写了一封信给他，劝他趁这个机会，“应该想想人生的归宿问题吧！应该想想人死了还

① 周林，等．科学家论方法：第一辑 [M]．呼和浩特：内蒙古人民出版社，1984: 2.

② 姚鹏，范桥．胡适讲演 [M]．北京：中国广播电视出版社，1992: 3.

③ 同上书，第4页。

有灵魂，灵魂是不朽的吧！”赫胥黎回信说：

“灵魂不朽这个说法，我并不否认，也不承认，因为我找不出充分的证据来接受它。我平常在实验室里的时候，我要相信别的学说，总得要有证据。假使你金司莱先生能够给我充分的证据，同样力量的证据，那么，我也可以相信灵魂不朽这个说法。但是，我的年纪越大，越感到人生最神圣的一件举动，就是口里说出和心里觉得‘我相信某件事物是真的’；我认为说这一句话是人生最神圣的一件举动，人生最大的报酬和最大的惩罚都跟着这个神圣的举动而来。”①

赫胥黎的这种彻底的唯物主义的态度和严肃认真的精神，是许多科学家不具备的。胡适称赞说：

“无论是在科学上的小困难，或者是人生上的大问题，都得要严格地不信任一切没有充分证据的东西。这就是科学的态度，也就是做学问的基本态度。”②

“拿证据来！”这不应该只是手电筒照别人，也要照自己。胡适说：

“方法的自觉，就是方法的批评；自己批评自己，自己检讨自己，发现自己的错误，纠正自己的错误。”③

他又说：

“做学问有没有成绩，并不在于读了逻辑学没有，而在于有没

① 姚鹏，范桥. 胡适讲演 [M]. 北京：中国广播电视出版社，1992: 5.
② 同上书，第 15 页。
③ 同上书，第 13 页。

有养成‘勤、谨、和、缓’的良好习惯。”①

这四个字是宋朝的一位参政（副宰相）讲的“做官的四字诀”，胡适认为拿来做学问也是一个良好的方法。

第一，勤，就是不偷懒，要下苦功夫。

第二，谨，就是不苟且，不潦草。孔子说“执事敬”就是这个意思。“小心求证”的“小心”两个字也是这个意思。

第三，和，就是虚心，不固执，不武断，不动火气。赫胥黎说，科学好像教训我们：你最好站在事实的面前，像一个小孩子一样；要抛弃一切先入的成见，要谦虚地跟着事实走，不管它带你到什么危险的境地去。这就是和。

第四，缓，就是不着急，不轻易下结论，不轻易发表。凡是证据不充分或是自己不满意的东西，都可以“冷处理”“搁一搁”。达尔文的进化论搁了20年才发表，就是“缓”的一个典型。胡适认为，“缓”字最重要，如果不能缓，也就不肯谨，不肯勤，不肯和了。

缓与急相对。1984年茅以升为《科学家论方法》第一辑题词：

“在情况明、方法对的条件下，还有‘急事缓办缓事急办’这另一层功夫，权衡急徐，止于至善。”②

这就把中国传统文化中的科学方法引向了更深的一个层次，具有辩证法的意义。

胡适在台湾大学第三天的演讲，题目是“方法与材料”，尤为精彩。他说：

---

① 姚鹏，范桥．胡适讲演[M]．北京：中国广播电视出版社，1992：23．

② 周林，殷登祥，张永谦．科学家论方法：第一辑[M]．呼和浩特：内蒙古人民出版社，1984：题词页。

“材料可以帮助方法；材料的不够，可以限制做学问的方法；材料的不同，又可以使做学问的结果与成绩不同。”①

他用1600年到1675年，75年的一段历史，进行中西对比，指出所用材料不同，成绩便有绝大的不同。这一段时间，中国正是顾炎武、阎若璩的时代，他们做学问也走上了一条新的道路：站在证据上求证明。顾炎武为了证明衣服的“服”字古音读作“逼”，竟然找出了162个例证，真可谓“小心求证”。但是，他们所用的材料是从书本到书本。和他们同时代的西方学者则大不相同，像开普勒、伽利略、牛顿、列文虎克（Antony van Leeuwenhoek）、哈维（William Harvey）、波义耳，他们研究学问所用的材料就不仅是书本，他们用作研究材料的是自然界的东西。他们用望远镜看到了以前看不清楚的银河和以前看不见的卫星；他们用显微镜看到了血细胞、精子和细菌。结果是：他们奠定了近代科学基础，开辟了一个新的科学世界。而我们呢，只有《皇清经解》作我们三百年来的学术成绩。双方相差，真不可以道里计。胡适最后说：

“有新材料才可以使你研究有成绩、有结果、有进步。我们要上穷碧落下黄泉，动手动脚找东西。”②③

用我们现在的话说，就是要利用各种工具，不辞辛苦，获取信息，只有在不断扩充材料的基础上才能做出成绩来，光有方法是不行的。

胡适谈到了清代考据之学大盛，却没有找出其原因。我们认为，明末清初有两拨人，他们政治上是对立的，但学术思想则殊途同归。

① 姚鹏，范桥．胡适讲演 [M]．北京：中国广播电视出版社，1992：35.
② “上穷碧落下黄泉，动手动脚找东西”为傅斯年语。——本书编辑注
③ 姚鹏，范桥．胡适讲演 [M]．北京：中国广播电视出版社，1992：43.

一拨是明末遗民，如顾炎武、王夫之，一拨是清朝统治者，如康熙、乾隆等。前者对明朝的灭亡进行反思，反思的结果是：王阳明违背了儒家的教导，空谈心性，导致了明朝的灭亡。后者是一个文化落后的民族，要统治文化先进而人口众多的汉民族，就必须学习汉文化，从汉文化的经典中寻找治国平天下的办法。这样，他们就不约而同地"回归六经"，了解经书的真谛。没有想到，正当我们的先辈把"回归六经"作为自己奋斗目标的时候，西方科学技术却迈开了前所未有的步伐。直到西方人的坚船利炮打开了我们的大门，我们才恍然大悟，发现自己已经大大落后了。

二、《中庸》的学、问、思、辨、行

"中庸"一词首见于《论语·雍也》："子曰：'中庸之为德也，其至矣乎！民鲜久矣。'"朱熹的注是："中者，无过无不及之名也。庸，平常也。"在这里，中庸似乎是指为人处世的方法，但也有人把它理解为治学的方法。唐稚松院士在《XYZ 系统的哲学背景》一文中说，孔子的中庸之道，概括起来有以下几点：（1）研究问题要从实际出发，而不是从主观的概念形式出发；（2）从变化中对具体时间地点等各种条件进行具体分析；（3）所谓"中"就是掌握合适的分寸，过犹不及，恰如其分。唐稚松先生又说，正是采用"中庸之道"作为指导思想，他的时序逻辑语言的研究工作，才找到一种简单而又解决问题的实际方法，从而使他的 XYZ 系统[①]获得 1989 年国家自然科学奖一等奖。日本软件工程权威、SRA 技术总裁岸田孝一于 1995 年 12 月 4 日

① 项目名称为"基于时序逻辑的软件工程环境的理论与设计"。——本书编辑注

在《朝日新闻》（夕刊）发表专文介绍 XYZ 系统时说：“虽然这系统所采用的基础数学理论来源于西方，但构造此系统的哲学思想却来自中国，这也许可以说是东方文明对于新的 21 世纪计算机技术发展的一大贡献吧！”唐稚松先生构造 XYZ 系统所用的中国哲学思想，除中庸之道外，还有《周易·系辞》中的阴阳对立思想和《三国演义》中的“分久必合，合久必分”思想。读者如有兴趣，请看他的文章。

《中庸》相传为孔子的孙子孔伋（字子思）所作，其中第二十章有关于治学方法的系统论述，可以说是中国传统文化的精华。孙中山于 1924 年亲笔题写这一内容（如图 1 所示），作为广东大学（中山大学前身）的校训：

“博学、审问、慎思、明辨、笃行”。

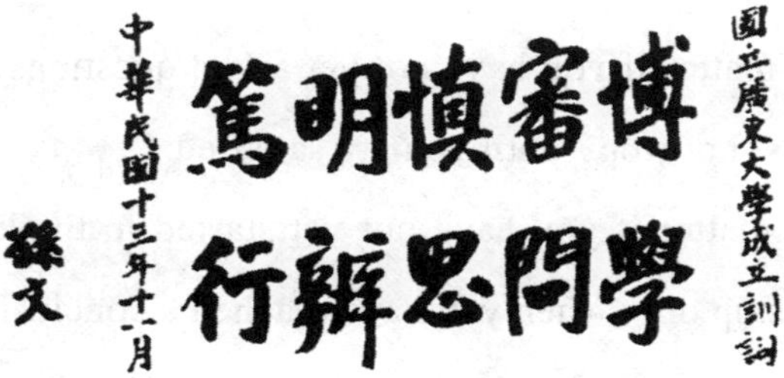

图 1　孙中山手书广东大学校训

现在中山大学的校歌中还有“博学审问，慎思不罔，明辨笃行，为国栋梁”的歌词。

这十个字是简化，《中庸》里的相关论述可分为三部分。

（一）“博学之，审问之，慎思之，明辨之，笃行之。”

英译[①]如下：

---

① 英译为宫达非、冯禹的英译，原译见《先哲名言：中国先哲文辞精粹》（*Chinese Maxims: Golden Sayings of Chinese Thinkers over Five Thousand Years*）。

Learn avidly!

Question what you have learned repeatedly!

Think over them carefully!

Analyse them intelligently!

Put what you believe into practice diligently!

（二）“有弗学，学之弗能，弗措也。有弗问，问之弗知，弗措也。有弗思，思之弗得，弗措也。有弗辨，辨之弗明，弗措也。有弗行，行之弗笃，弗措也。”

英译如下：

It doesn’t matter if you have not yet started to learn something. When you have started, however, you must not stop until you really know it.

It doesn’t matter if you have not yet asked questions, but when you begin, you must not stop, until you are satisfied.

It doesn’t matter if you have not yet started to think carefully, but when you do, stop only when you have reached a conclusion.

It doesn’t matter if you have not yet started to discern something, but when you have, you must not stop until you are clear.

It doesn’t matter if you have not yet started to practise something, but when you do, you must diligently put it into practice.

（三）“人一能之，己百之；人十能之，己千之。果能此道矣，虽愚必明，虽柔必强。”

英译如下：

While others are able to know something by learning it once, you should learn it a hundred times; while others are able to know it by learning it score of times，you should learn it a thousand times.

If you can really do things in such a way，you would be intelligent even though you had been foolish，and you would be strong even though you had been weak in the beginning.

第一部分勾画出了做学问的基本步骤和方法，留待后面再详细讨论。第二部分可以概括成一个“严”字，现在我们讲严谨治学，提倡“三严”精神（严肃的态度、严格的要求、严密的方法），这段话也就是这个意思。“弗”即不，“措”有停止的意思，唐代孔颖达的解释是：“‘有弗学，学之弗能，弗措也’者，谓身有事，不能常学习，当须勤力学之。措，置也。言学不至于能，不措置休废，必待能之乃已也。以下诸事皆然。”也就是说，学—问—思—辨—行，这五步，每一步都马虎不得，都要严肃认真地进行。第三部分可以归纳成一个“勤”字。不怕笨，就怕没有克服困难的毅力，“人一能之，己百之；人十能之，己千之”，只要勤勤恳恳，投入比别人更多的精力，就一定能有所创新，变愚蠢为聪明，变柔弱为刚强。可见作者对他这一套治学方法是充满信心的。

从认识过程来看，科学研究的方法，大体可以分为获取信息（材料）、处理信息和检验结果三个阶段。《中庸》中的第一步“学”是获取信息；第二步“问”是发现问题和提出问题，第三步“思”是处理信息，用各种逻辑方法进行推理，得出结论；至于结论是否正确，那就要进行第四步“辨”；辨明白了，如果正确，那就要坚持真理，一往无前地去执行，那就是第五步“行”。以下就这五个步骤，结合中国古代文献，充分讨论一下。

“博学之”

做一项研究工作，首先得看看前人在这方面做了些什么，这就得读书、看杂志，这就是“学”。但是光读书不行，更重要的是调查研究和进行实地考察，按照朱熹的解释，“博学之”就包含着这方面的内容，他说：

> “今也须如僧家行脚，接四方之贤士，察四方之事情，览山川之形势，观古今兴亡治乱得失之迹，这道理方见得周遍。‘士而怀居，不足以为士矣！’不是块然守定这物事在一室，关门独坐便了，便可以为圣贤。”（《朱子语类》卷一一七）

他反复强调多“于见闻上做工夫”，他关于海陆变迁的学说，就是建筑在“常见高山有螺蚌壳”和“登高而望，群山皆为波浪之状”两个观察事实的基础上的。

观察是认识的基础，儒家一贯有这样的看法。《周易·系辞》：“仰则观象于天，俯则观法于地，观鸟兽之文，与地之宜”这里一连用了三个“观”字，然后才建立它的世界图景。不但要对天地、生命，即整个自然界进行观察，还要对生物与环境（地）的关系（宜）进行观察。明末方以智在他的《物理小识》自序里说：“物有其故，实考究之。”他的“实考”不仅包括文字考证，还包括实地考察和实验验证。例如，孔子要人们“多识于鸟兽草木之名”，方以智就说：“草木鸟兽之名最难考究……须足迹遍天下，通晓方言，方能核之。”这就证明他是做过一些实地考察的。又如，他研究声音的共振现象，不仅重复了沈括《梦溪笔谈》中的实验，即两张琴的弦与弦相应，来证明共振，而且做了改进，改弦与弦相应为笛和琴的管与弦相应，从而进一步证明了共振现象的普遍性。王夫之称赞说：“密翁（方以智字密之，故称密翁）与其公子为质测之学，诚学、思兼致之实功。”但是，获取信息的方法有一个从原始的肉眼观察到近代的各种仪器观察，从单纯的直接观察到各种控制实验观察，从地面观察到空间和地下观察，从直接实验到计算机模拟实验，从物理模拟到数字模拟等从简单到复杂的过程，中国到方以智只是走完了第一步。

“审问之”

茅以升有个独特的教学方法：每堂课的前十分钟，指定一名学生就前次课提出一个疑难问题，如果提不出来，则由另一学生提问，前一学生作答。问题提得好，或教师都不能当堂解答者，给满分。此法实行后，学生由被动学习变为主动学习，学业大进。教育家陶行知观摩以后，大感兴趣，认为是“教学上的革命”。的确，“不学不成，不问不知”，但更重要的是问，只有会提问题，才会做学问。爱因斯坦说：

> “提出一个问题往往比解决一个问题更重要，因为解决一个问题也许仅是一个数学上或实验上的技能而已。而提出新的问题，新的可能性，从新的角度去看旧的问题，却需要有创造性的想象力，而且标志着科学的真正进步。”[①]

1900年，希尔伯特（David Hilbert）在巴黎世界数学家大会上提出了23个尚待解决的难题，带动了整个20世纪数学的发展，其中有些难题，至今也还没有完全解决，仍然是数学界关注的焦点。“哥德巴赫猜想”就是希尔伯特的第八个问题（素数问题）的一部分，希尔

① 爱因斯坦，等. 物理学的进化 [M]. 周肇威，译. 上海：上海科学技术出版社，1962：66.

伯特说：

> “将黎曼的素数公式彻底讨论清楚以后，也许我们就有能力去严格地解决哥德巴赫猜想了……以及相差 2 的素数对（即孪生素数，prime twins，如 3，5；17，19）是否有无穷多的问题。”①

1966 年我国数学家陈景润证明了“每一个充分大的偶数都能够表示为一个素数及一个不超过两个素数的乘积之和”。这个命题用通俗的话说，就叫作 1+2。1973 年，他在《中国科学》上发表了全部详细论证，同时又证明了“对于任意偶数 h，都存在无限多个素数 p，使得 $p+h$ 的素因子的个数不超过 2 个”。这一命题与孪生素数问题十分接近，而前一命题则接近于哥德巴赫猜想。

朱熹描述人们的认识过程是：“未知有疑，其次则渐渐有疑，中则节节是疑，过了这一番后，疑渐渐解，以至融会贯通，都无所疑，方始是学。”和朱熹的这段话类似，我国古代禅师青原惟信说得更生动：

> “老僧三十年前未参禅时，见山是山，见水是水。及至后来，亲见知识，有个入处，见山不是山，见水不是水。而今得个休歇处，依前见山只是山，见水只是水。”（《五灯会元》卷十七）

从认识论的角度来解释朱熹和青原惟信的话，就知道含义是非常深刻的。人们认识事物的过程可以分为三个阶段：第一个阶段是认识事物的现象阶段，也就是经验性、技术性阶段，故“见山是山，见水是水”。经过对其经验（或技术）进行理性加工（也就是分析、推理、归纳、演绎等），人们的认识就上升到第二阶段，亦即对象的本质阶

① 转引自梁宗巨．世界数学史简编 [M]．沈阳：辽宁人民出版社，1980：494．

段，此时由于山与水的本质是决定山与水的现象的基础，它更具有山之所以为山和水之所以为水的内在特征。通过理性认识阶段对山与水的认识就更具有真理性。它与第一阶段所形成的关于山和水的现象认识有本质的不同与飞跃，这就是为什么“见山不是山，见水不是水”。但人毕竟生存于现实世界中，科学研究不能仅止于理性主义的理念世界，最后仍应回到现实世界中。事实上，现象与本质，既是对立的，又是统一的。本质从来都是存在于现象之中的；现象有些是歪曲本质的，有些则是反映本质特征的。通过对感性认识的理性处理，删去不反映本质甚至歪曲本质的那些感性材料，然后将剩下的能从不同方面反映事物本质、具有代表性的现象，按事物的本来面目加以重新综合，使认识的对象一方面具有事物的原貌，一方面又能更直接地反映该事物的本质。这种反映本质的各方面现象的综合物，才是研究对象的本质的更全面的反映，此时见山又是山，见水又是水了。但这时认识的山和水，和第一阶段的山和水在深刻性方面有了本质的不同。

“慎思之”

朱熹在《中庸或问》中解释说：

> “学也，问也，得于外者也。若专恃此而不反之以心，以验其实，则察之不精，信之不笃，而守之不固矣，故必思索以精之……知其为何事何物而已也。”

朱熹所谓的心，就是现在的脑。中国直到清代王清任的《医林改错》才正确地指出“灵机记性不在心，在脑”，“医书论病，言灵机发于心”是错误的。

朱熹这段话的意思就是说，由感官得来的知识，必须经过大脑思索、逻辑推理，才能有更深刻的认识，得出可靠的结论。这也就是强调认识过程第二阶段的重要性。

如何思索和推理，《中庸》没有具体论述，但在儒家经典中散见的还是有一些的，这里仅举《论语》中的两例。一是孔子的“举一反三”和“一以贯之”，既包含了归纳和演绎，又包含了类比和联想，是一种很好的思想方法。《周髀算经》中陈子对荣方说：

“夫道术，言约而用博者，智类之明。问一类而万事达者，谓之知道。……是故能类以合类，此贤者业精习智之质也。”

所谓“言约而用博”“问一类而万事达”和“类以合类”，正是孔子“举一反三”和“闻一知十”的意思。在陈子看来，这便是“道”或“道术”，用现在的话来说就是“方法”。中国自然辩证法研究会主办的《方法》杂志，其英文译名即*Way*（道）。陈子认为能不能掌握这个方法，便是学问能不能长进的关键。

《周髀算经》古时被列为“算经十书”之首，实际上是天文学内容占绝大部分。真正奠定中国古代数学基础的是紧排在《周髀算经》之后的《九章算术》，而刘徽的注尤其重要。刘徽在序中说：

“事类相推，各有攸归，故枝条虽分而同本干者，知发其一端而已。又所析理以辞，解体用图，庶亦约而能周，通而不黩，览之者思过半矣。”

这又是孔子“举一反三”“一以贯之”的方法在数学领域的一次具体运用。

孔子的另一方法是“叩其两端”。《论语·子罕》中有：

“子曰：‘吾有知乎哉？无知也。有鄙夫问于我，空空如也，我叩其两端而竭焉。’”

孔子自认为无知，对许多问题也常空无所答，因此他采用“叩其两端”的方法来寻找答案，也就是利用对同一问题的各种对立观点和各种事物的极端状态，将其中的矛盾进行分析，以求得正确的了解。孔子的这段话，与苏格拉底（Socrates）的不以智者自命的立场与采用“诘问”方式以除非求正的方法类似，均属于辩证体系的求知方法，但孔子说得更具体而明白。

“叩其两端”的辩证逻辑，对于汉语的构词具有深刻的影响。汉语中常用两个相互对立的概念来构成一个更具普遍意义的概念，如冷热（温度）、大小（体积）、东西（实物）、远近（距离）等。在现代科学中，这种抓两头的办法也常用，如物理学中的高温、低温，高能、低能，如天文学中超高密（中子星）、超稀薄（星际介质和原始星云），都是重点研究的对象。

从以上两例（“举一反三”和“叩其两端”）可以看出，中国古代虽然没有写出系统的逻辑学著作，但是关于思维方法的讨论还是有的，否则怎么能写出那么多的好文章，做出那么多的科学成就呢？虽然一个国家的科学发达与否，与逻辑学并没有直接关系。

“明辨之”

朱熹在《中庸或问》中解释说：

> “思之谨，则精而不杂，故能有所自得而可以施其辨。辨之明，则断而不差，故能无所疑惑而见于行。”

这就是说在经过理性思维，由表及里，去粗取精，自己得出结论以后，还要接受检验（辨）。检验的结果如果是正确的，那就不必再犹豫而可以付诸实行了。至于如何检验，《中庸》和朱熹都没有说，但墨子提供了一个标准。《墨子·非命上》说“言必有三表”，任何一个理论，第一，要有历史事实作根据（“上本之于古者圣王之事”）；第二，要符合大家的感性知识（“下原察百姓耳目之实”）；第三，要于国于民有利（“观其中国家百姓人民之利”）。

墨子用三表法对当时流行的天命论进行了严厉的批判，但又用它证明鬼神的存在。汉代王充提出，墨子的错误在于，他过于相信耳目之闻见，把传闻当作了事实。他在《论衡·薄葬》篇里说：

“墨议不以心而原物，苟信闻见，则虽效验章（彰）明，犹为失实。”

他主张“是非者不徒耳目，必开心意”。这就是说，判断是非，不能单凭耳闻目见，还得开动脑筋，对它进行考察和分析。在这里，已经出现了经验主义和理性主义的结合。

在天文学领域，从汉代起就确立了以日食观测作为检验历法的标准。汉武帝时，邓平、司马迁等提出的《太初历》，先后和二十八家历法进行比较，经过36年的辩论，才确定了其地位。唐代一行制成《大衍历》后不到三年，就有许多人提出不同意见，认为《大衍历》并不好，但和历年日食观测记录一对比，知当时的三种历法中，《九执历》只合十之一二，《麟德历》合十之三四，而《大衍历》适得十之七八，于是《大衍历》仍得继续实行下去。南宋绍兴五年正月朔（1135年1月16日）日食，太史（天文台台长）推算错误，常州布衣陈得一预告准确，于是太史退位，由陈得一主持改历，八月历成，名统元历。

陈得一的推算是否绝对准确？也不是。所谓准确，也是历史的、相对的、有条件的。明末徐光启做过一个统计：

“日食自汉至隋凡二百九十三，而食于晦日（月底）者七十七，晦前一日者三，初二日者三，其疏如此。唐至五代凡一百一十，而食于晦日者一，初二日者一，初三日者一，稍密矣。宋凡一百四十八，则无晦食，更密矣；犹有推食而不食者十三。元凡四十五，亦无晦食，更密矣；犹有推食而不食者一，食而失推者一，夜食而书昼者一。”①

宋代的《明天历》规定，推算日食初亏时间以相差二刻以下为亲，四刻以下为近，五刻以上为远；推算食分以一分以下为亲，二分以下为近，三分以上为远。明末清初的民间天文学家王锡阐则将精度提高到“食分求合于秒，加时求合于分”，而且每遇日食，必以自己的观测结果与计算结果相比较。当两者不一致时，一定要找出原因；而一致时，犹恐有偶合之缘，也还要继续研究。王锡阐的经验是：“测愈久则数愈密，思愈精则理愈出。”在人类探索自然的历史长河中，观测的时间越久，次数越多，则所得数据越精密，所建立的理论越完善。但是新的理论还要在实践中得到进一步的检验、证实、丰富和发展。王锡阐在他的《晓庵新法》里说：“以吾法为标的而弹射，则吾学明矣。”这种谦虚态度，是很值得学习的。

“笃行之”

朱熹认为，自“博学之”至“明辨之”为致知之事，“笃行”则为力行之事。在知和行的关系问题上，毛泽东认为行更重要，他在《实践论》里说：“如果有了正确的理论，只是把它空谈一阵，束之高阁，并不实行，那么，这种理论再好也是没有意义的。”竺可桢认为，欧洲近代科学的先驱布鲁诺、伽利略和开普勒皆是“笃行”的榜样。哥白尼的日心地动说只是一种推想，一种理论。推翻地球中心说，掀

① 徐光启．徐光启集 [M]．上海：上海古籍出版社，1984：414．

起欧洲思想革命，全靠这几位奋不顾身的实行家。为了宣传哥白尼学说，布鲁诺被迫流浪了15年，于1591年8月受骗回国，次年5月被捕入狱。经过八年的监禁、折磨、凌辱、拷打，布鲁诺仍然坚贞不屈，最后，宗教裁判所宣布处布鲁诺以火刑。1600年2月17日在罗马的鲜花广场上执行火刑，熊熊烈火从他的脚下燃烧起来，布鲁诺在临终前的最后一刹那间高喊："烈火不能把我征服！未来的世纪会了解我，知道我的价值。"继布鲁诺之后，伽利略写作的一部大书《关于托勒密和哥白尼两大世界体系的对话》旗帜鲜明地宣传哥白尼学说。宗教裁判所又对他威胁利诱、严刑拷问，最后于1633年6月22日判决：把《关于托勒密和哥白尼两大世界体系的对话》列为禁书，把伽利略关进监狱，同时要他每星期把七首忏悔诗读一遍，为期三年。但据传，当他跪着签了字，站起来的时候，仍然在喃喃自语地说："可是，地球仍然在转动！"开普勒虽然没有遭受到布鲁诺和伽利略那样的压力，但也是终身贫穷，死无葬身之地。

中国古代没有发生过深刻的科学革命，也就没有这些可歌可泣的史实。但张衡反对图谶的斗争、祖冲之和戴法兴的辩论也是够激烈的。1989年3月，王绶琯院士在中国天文学会第六次代表大会的"祝辞"中说：

> "我们中国的天文工作者，远溯张衡、祖冲之，近及张钰哲、戴文赛，虽然时代不同，成就不等，但始终贯串着一股'富贵不能淫，贫贱不能移'的献身、求实精神。"

任何传统都有精华和糟粕两个方面。《中庸》中的这套"学—问—思—辨—行"的治学方法，就是中国传统文化的精华，它和当代科学哲学家波普尔（Karl R. Popper）提出的方法论模式有某些相通之处。

波普尔在他的《客观知识》一书中，把科学进步的方法模式表述为：

问题（P_1）→尝试性解决（TS）→排除错误（EE）→新问题（P_2）

《中庸》的“审问之”就是它的第一步（P_1），“慎思之”就是它的第二步（TS），“明辨之”就是它的第三步（EE）。相对来说，波普尔的模式还没有《中庸》的完整，收集材料（学）的过程和付诸实践（行）的过程，他都忽略了。

周昌忠在《西方科学方法论史》中把爱因斯坦的科学认识过程表述为：

事实→概念→理论→事实[①]

爱因斯坦建立相对论，首先从观测事实（如迈克尔逊—莫雷实验）出发，这就是《中庸》的“学”；继而考察时间、空间、运动等基本概念，发现有问题，要建立新概念，这就是《中庸》的第二步“问”；然后建立相对论的基本原理并推导出一些结论，如光线在引力场中发生弯曲等，这就是《中庸》的第三步“思”；再把这些结论用新的观测事实来检验，那就是“辨”，愈辩愈明，信的人也就愈来愈多了。

从以上的两例可以看出，《中庸》的方法仍然是具有现实意义的。但是，作为一种哲学方法，它只能告诉你一些原则，至于如何具体运用，那就要看个人的聪明才智了。

三、《大学》的格物致知

“大学之道”

和《中庸》一样，《大学》本来也是《礼记》中的一篇，到了宋

① 周昌忠. 西方科学方法论史 [M]. 上海：上海人民出版社，1986：231.

代，朱熹才把它提出来列入四书。朱熹认为，《大学》中“经”（开头205个字）的部分是“孔子之言而曾子述之”，“传”的部分是“曾子之意而门人记之”。《大学》一开头说：

“大学之道，在明明德，在亲民，在止于至善。”

这是全书的纲。“明德”是一个名词，好像一颗明珠一样，是人的自然本性，即《三字经》说的“人之初，性本善”，但为气禀所拘，物欲所蔽，时常昏昧，需要揩抹使它明亮起来，这就是“明明德”，第一个“明”是动词。“亲”即新，“革其旧之谓也。言既自明其明德，又当推以及人，使之亦有以去其旧染之污”，这就是“新民”，“新”为动词。不管是“明明德”，还是“新民”，皆当“止于至善”，即做得恰到好处，无过犹不及。

为了实施这个总纲，《大学》“经”的部分接着又提出了八个“目”，即：格物、致知、诚意、正心、修身、齐家、治国、平天下。前五个属于“明明德”，即自我修养部分，为本；后三个属于推己及人部分，为末。这八个“目”的关系是：

“古之欲明明德于天下者，先治其国；欲治其国者，先齐其家；欲齐其家者，先修其身；欲修其身者，先正其心；欲正其心者，先诚其意；欲诚其意者，先致其知；致知在格物。”

“物格而后知至，知至而后意诚，意诚而后心正，心正而后身修，身修而后家齐，家齐而后国治，国治而后天下平。”

“壹是皆以修身为本。”

《大学》“经”中的这些话，在古代知识分子中间是家喻户晓的，现在也还广为流传。1987 年周谷城先生为中国自然科学史研究所的题词就是：

> “物有本末，事有终始；知所先后，则近真（原为道字）矣。古人所说，止于如此。今之进步，未有已时。”（如图 2 所示）

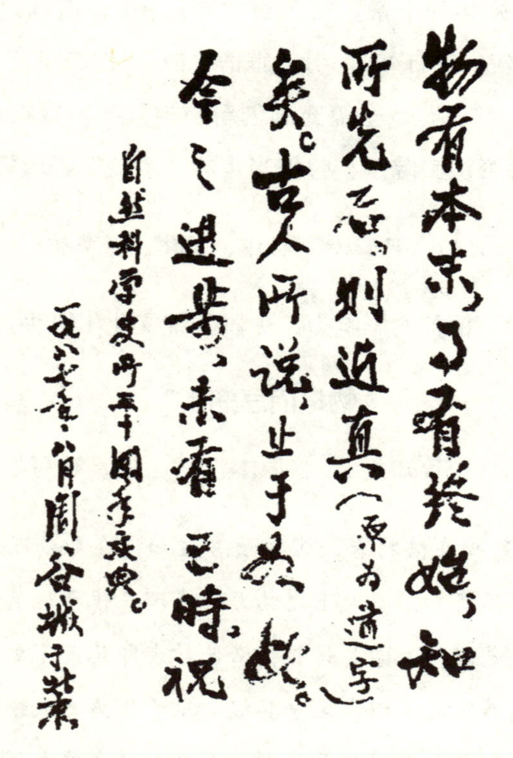

图 2　周谷城为中国自然科学史研究所所写的题词

而“大学之道，在明明德，在亲民，在止于至善”则至今仍挂在深圳大学的会议室里，如图 3 所示。

图 3　深圳大会会议室中悬挂的题词

“传”的部分共分十章。第二章“释新民”，引汤之《盘铭》曰：“苟日新，日日新，又日新。”引《康诰》曰：“作新民。”引《诗》曰：“周虽旧邦，其命维新。”全篇充满创新精神。我国核物理学家、制造原子弹的总指挥彭桓武院士，曾把当年的“攻关”经验概括为：

> “日新、日新、日日新。集体、集体、集集体。”

可见《大学》精神的影响力，中国传统文化不可丢。

“物格而后知至”

第五章“释格物致知之义”，原本没有，朱熹补写如下：

> “所谓致知在格物者，言欲致吾之知，在即物而穷其理也。盖人心之灵莫不有知，而天下之物莫不有理，惟于理有未穷，故其知有不尽也。是以《大学》始教，必使学者即凡天下之物，莫不因其已知之理而益穷之，以求至乎其极。至于用力之久，而一旦豁然贯通焉，则众物之表里精粗无不到，而吾心之全体大用无不明矣。此谓物格，此谓知之至也。”①

① 朱熹．四书章句集注 [M]．北京：中华书局，1983：6-7．

《大学》讲的本来都是诚意、正心、修身、齐家、治国、平天下的大道理，属于社会科学，经朱熹这么一解释，却和自然科学发生了关系，而且自然科学成了最基本的东西。在这方面，《朱子语类》卷十五《大学二 · 经下》和卷十八《大学五 · 传五章》有许多论述，现在我把它概括成以下六点。

第一，《大学》中的八个条目不是并列的，其中“致知”和“诚意”是最关键的。致知为知之始，诚意为行之始。前者为梦与觉之关，后者为恶与善之关。物格，知至，做起事来就是一种自觉行为；否则糊里糊涂，好像在梦中一样，做对了，也只是黑地上白点。诚意是最紧要的一关，如意不诚，心不正，那就是小人，是鬼，什么事情也不用做了。

第二，“致知在格物。物格而后知至。”前一个“致”，是扩充，是求知识的意思。后一个“至”，是已至，表示已经得到了知识。格物，只是就事上理会，是下手处；知至，便是心里彻底弄明白了。例如，手里拿一个铁片，本来也可以割东西，但经过研究（“格物”），如磨得锋利，就割得快，若将割的对象再研究清楚，那就和庖丁解牛一样，迎刃而解了。

第三，朱熹说：“天下之事，皆谓之物，而物之所在，莫不有理。且如草木禽兽，虽是至微至贱，亦皆有理。”又说：“万物之荣悴与夫动植大小，这底是可以如何使？那底是可以如何用？车之可以行陆，舟之可以行水，皆所当理会。”有学生问：“物必有理，皆所当穷？”朱熹回答说：“学者须当知夫天如何而能高，地如何而能厚，鬼神如何而为幽显，山岳如何而能融结，这方是格物。”受当时认识水平的局限，朱熹虽然还谈到鬼神，但他把人们的视线引到自然界来，这是一个很大的进步。

第四，格物要“合内外之理”。朱熹说：“自家知得物之理如此，则因其理之自然而应之，便是合内外之理。”他举例说：“草木春生秋杀，好生恶死，‘仲夏斩阳木，仲冬斩阴木’，皆是顺阴阳道理。自家知得万物均气同体，‘见生不忍见死，闻声不忍食肉’，非其时不伐一木，不杀一兽，‘不杀胎，不夭夭，不覆巢’，此便是合内外之理。”人不但要认识自然，还要顺应自然和保护生态，这是朱熹格物思想中的又一光辉之点。

第五，有人问朱熹：“格物是最难事，如何尽格得？”他回答说：“程子（即程颐，号伊川先生）谓：‘今日格一件，明日又格一件，积习既多，然后脱然有贯通处’。某尝谓，他此语便是真实做工夫来。他不说格一件后便会通，也不说尽格得天下物理后方始通。只云：‘积习既多，然后脱然有个贯通处。’”朱熹打比喻说：“今日既格得一物，明日又格得一物，工夫更不住地做。如左脚进得一步，右脚又进一步；右脚进得一步，左脚又进；接续不已，自然贯通”。做学问就得这样按部就班地做，而且马虎不得，要一步一个脚印。每格一物，都要“理之表里精粗无不尽，而吾心之分别取舍无不切”。他说：“有一种人只就皮壳上做工夫，却于理之所以然者全无是处；又有一种人思虑向里去，又嫌眼前道理粗，于事物上都不理会。”他认为这两种人“都是偏，故《大学》必欲格物、致知。到物格、知至，则表里精粗无不尽”。他又说：“四方八面都见得周匝无遗，是之谓表……无一毫之不尽，是之谓里。”这就是说，做学问既要从宏观上把握，又要从微观上把握；既要注意理论，又要注意应用。

第六，格物是随事理会，还是有计划的安排？朱熹的回答是：“格物便要闲时理会，不是要临时理会。闲时看得道理分晓，则事来时断置自易。格物只是理会未理会得底，不是从头都要理会。如水火，人自是知其不可蹈，何曾有人错去蹈水火！格物只是理会当蹈水火与不当蹈水火，临事时断置教分晓。”“若理会不得时，也须临事时与尽心理会。十分断制不下，则亦无奈何。然亦岂可道‘晓不得’后，但听他！”这就是说，平时要对各种事物一件件地进行研究，免得临时抱佛脚。平时没有研究的，临时也要研究、判断，实在判断不了的，事后也得再研究。

“致知在格物。物格而后知至。”这两句话在《大学》中沉睡了一千五百多年，到宋代理学家才开始注意，而朱熹做了如此丰富的发挥，这不能不说是一个奇迹。这奇迹的出现又有历史的必然性。恩格斯在《路德维希·费尔巴哈和德国古典哲学的终结》里说：

> “在从笛卡儿到黑格尔和从霍布斯到费尔巴哈这一长时期内，推动哲学家前进的，决不像他们所想象的那样，只是纯粹思想的力量。恰恰相反，真正推动他们前进的，主要是自然科学和工业的强大而日益迅速的进步，在唯物主义者那里，这已经是一目了然的了……”①

格致与科学

中国科学史上里程碑式的人物沈括比朱熹早一百年，而沈括已在用《中庸》中的治学方法了。他在《答崔肇书》中说：

> “虽实不能，愿学焉。审问之，慎思之，笃行之，不至则命也，不宜括再拜。”

① 恩格斯. 路德维希·费尔巴哈和德国古典哲学的终结 [M]. 中共中央马克思恩格斯列宁斯大林著作译局，译. 北京：人民出版社，1972：17.

朱熹抬高《中庸》和《大学》的地位，乃是当时自然科学发展的结果。另一方面，朱熹把格物致知突出出来以后，又提高了人们认识物质世界的自觉性，促进了科学的发展。宋代朱中有认为自己研究潮汐就是格物，王原斋和叶大有认为植物学是格物。金代宋云公认为医学是格物，刘祁认为本草学是格物。元代四大名医之一的朱震亨干脆把自己的医学著作命名为《格致余论》。明朝开国皇帝朱元璋在和侍臣们讨论日月五星的左旋、右旋问题时，也说是在格物。明代李时珍和宋应星分别在写《本草纲目》和《天工开物》的时候，也都认为自己是在格物，所以到徐光启和利玛窦（Matteo Ricci）合译欧几里得《几何原本》时，就自然而然地把传统文化中的格物致知和西方的自然科学联系起来了。1607 年徐光启在《刻〈几何原本〉序》中说：

> "顾惟先生（指利玛窦）之学，略有三种：大者修身事天，小者格物穷理；物理之一端，别为象数……而余乃亟传其小者。"①

1612 年，他在《〈泰西水法〉序》中指出天主教可以补儒易佛，并说：

> "其余绪更有一种格物穷理之学。凡世间世外，万事万物之理，叩之无不河悬响答，丝分理解。……格物穷理之中，又复旁出一种象数之学。象数之学，大者为历法，为律吕，至其他有形、有质之物，有度、有数之事，无不赖以为用，用之无不尽巧极妙者。"②

---

① 徐光启．徐光启集 [M]．上海：上海古籍出版社，1984：75．

② 同上书，第 66 页。

由此可见，徐光启把利玛窦带来的学问分为两大类，一种为修身事天之学，一种为格物穷理之学；格物穷理之学中有一分支为象数之学，包括历法、音律和数学。这是中西文化的一次重要沟通，从中可以看出西方学科分类的影子，却也没有远离中国传统文化。

徐光启将西方近代自然科学称为“格物”穷理之学或格致之学，此后，格致一词除在少数情况下因袭传统的意义之外，多数情况下都与西方科学有关。明末熊明遇的《格致草》、高一志（又名王丰肃）的《空际格致》和汤若望（Adam Schall）的《坤舆格致》等都是这类书籍。

鸦片战争以后，国内再一次掀起向西方学习的高潮。1853 年王韬与新教传教士艾约瑟（Joseph Edkins）合译《格致新学提纲》，向国人介绍西方科学的最新成就。1861 年改革派人物冯桂芬在《校邠庐抗议 · 采西学议》中，缕述了中国古代典籍中有关广采天下之学的记载，强调自明末和鸦片战争以后传入的西学中，“如算学、重学、视学、光学、化学，皆得格物至理”。这样，西方的自然科学，就在冯氏高扬传统文化的旗帜下，作为“格物至理”被重视起来。两年后，他替李鸿章草拟创办上海广方言馆奏稿，这一主张又变成了李鸿章的主张，影响更大。

在李鸿章的影响下，中外人士合办的格致书院于 1876 年在上海建成。该院除招收学生进行授课外，还举办展览、卖书。另有两项活动影响深远。一是自 1866 年起实行“考课”，由李鸿章、刘坤一、盛宣怀（交通大学创建者）等社会名流出题，院内外士子、官绅皆可应考，得名次者可以获奖，之后选择优秀文章辑成《格致书院课艺》出版，广为流传，这是一份很好的近代科学史资料。一是书院外籍董事傅兰雅（John Fryer），自费创办了一份杂志《格致汇编》，坚持15年之久（1876—1890）。这份刊物的英文名称叫*The Chinese Scientific and Industrial Magazine*，在这里，“格致”是科学和技术的总体，也就是我们今天说的“科技”。但是，与此同时，北京同文馆的教习丁韪良（W. A. P. Martin）编译了一本《格物入门》，此书的译名却是*Natural Philosophy*，这里“格物”对应着“自然哲学”，也就是纯自然科学。另外，还有用“格致”专指物理和化学的，如鲁迅在《呐喊》“自序”中谈到南京的江南水师学堂时说：“在这学堂里，我才知道在这世界上，还有格致、算学、地理、历史、绘画和体操。”更有把“格致”单指物理学的，如《清会典》中说：“凡格物之学有七：一曰力学，二曰水学，三曰声学，四曰气学，五曰火学（即热学），六曰光学，七曰电学。”这都在现在的物理学范围之内。

名词含义如此不同，在西学引进的初期在所难免，到1902年，用法才开始统一起来。这一年发生了两件事，一是梁启超在《新民丛报》第10号、第14号上发表了《格致学沿革考略》，在“导言”中说：

> “学问之种类极繁，要可分为二端。其一，形而上学，即政治学、生计学（经济学）、群学（社会学）等是也。其二，形而下学，即质学（物理学）、化学、天文学、地质学、全体学（人体解剖学）、动物学、植物学等是也。吾因近人通行名义，举凡属于形而下学者皆谓之格致。”[1]

同年，清政府参照日本的教育体制，提出了壬寅学制的构想，次

① 梁启超．饮冰室文集之十一（影印本）[M]．北京：中华书局，1989：4．

年做了修改，又称癸卯学制。在这个新学制中，大学堂的格致科，下设六学门，分别为算学、物理学、星学（天文学）、化学、动物学、地质学；另设农、工、医各科与格致科并列。至此，关于知识的分类系统，也就和今天国务院学位委员会的分法差不多了。

将“格致科”改为“理科”，则是辛亥革命以后的事。这个名词是从日本引进来的，但实质上是出口转内销。格物致知也叫格物穷理或即物穷理，在朱熹的心目中是一回事。17 世纪意大利传教士艾儒略（Giulio Aleni）来华后，撰《西学凡》一书，介绍当时欧洲大学的六门课程，按艾儒略译法为：文科、理科、医科、法科、教科、道科（神学）。六科各用一个汉字，从“格物穷理”中取出一个“理”字来，可谓恰到好处。当时在欧洲，“science”一词尚未出现，科学还包含在哲学（philosophia）中。艾儒略把 philosophia 译成“理”也很自然。朱熹的“格物穷理”，所谓物，既包括自然现象，也包括社会现象。现在有人拿中国古代没有“科学”一词，来说中国古代没有科学，是毫无道理的。science 一词，1830 年左右才出现，按照这些人的说法，在此之前欧洲也就没有科学了，伽利略、牛顿也不是科学家，岂不成了笑话！研究问题还是应该从实际出发，不应该从概念出发，这也是一个方法问题。

四、《孟子》的民本和求故

1995 年 7 月 22 日上海《文汇报》有一篇杨振宁先生在上海交通大学向 500 多名学生谈治学经验的报道，题为“现身说法诲莘莘学子，纵论中西启国人学思——杨振宁与上海大学生谈治学之道”，其中说：

“一九三三年，我小学毕业，进入了北平崇德中学。当时，有一件事情对我是很重要的。我父亲是教数学的，他发现我在数学方面有一些天才。一九三四年夏天，父亲决定请一个人给我来补习，但他不是来补习我的数学，而是给我讲习《孟子》；第二年，又念了半个夏天，我可以把《孟子》从头到尾地背诵出来了。现在想起，这是我父亲做的一个非常重要的事情。一个父亲发现自己的孩子在某一方向有才能时，最容易发生的事情，是极力把自己的孩子朝这个方向推。但当时我的父亲却没有这样做。他却要我补《孟子》，使我学到了许多历史知识，是教科书上没有的。这对我有很大意义。”

杨振宁从《孟子》中得到了什么教益，他没有说。据我的理解，《孟子》是中国传统文化中最具有科学精神和民主精神的一本书。

近代科学和近代民主是同时发展起来的，希腊的科学与希腊的民主之间的关系，也有很多人讨论过。但中国古代的科学与民主之间的关系，却从来没有人问津。也许有人会说，中国古代根本没有民主，没什么可以讨论的。那么，我要问希腊有没有民主。所谓“雅典式的民主政治”，只是少数“自由民”的民主权利，其方式和今天普及、公开、为全民所享的民主有不同。就是这一点点的初级民主，也被柏拉图（Plato）、亚里士多德（Aristotle）和中世纪的经院哲学家们所反对。英国科学哲学家卡尔·波普尔的《开放社会及其敌人》，就将柏拉图列为专制政权的开山祖师。亚里士多德在其《政治学》中将政体分为六类，他认为“demokratia”（民主政体）的极端为暴民政体，是最堕落的政体。现代的民主制度是工业革命的产物，而非根源于西方传统文化。在传统与现实之间，是现实决定着传统的中断或保留，现实的需要是产生新事物的强大推动力。

李约瑟惊奇地发现，“对于公元16、17世纪时欧洲神学家们所争辩的［人民］是否有‘反抗非基督教君主’的权利，早在两千年前儒家就已有了定论”。《春秋》中所记36例君主被杀的事件，“有的称作‘被弑’（含有杀人者有罪之意），另一些称为‘被杀’（含有杀人的行为合法之意）。杀人的行为之所以被认为合法，是因为儒家思想中有着民主思想，认为君主（后来则是帝王）的权力主要来自体现了人民的意志的天命。过了大约一百年以后，儒家的伟大使徒孟子对此大有发挥”。①

孟子说：“民为贵，社稷（国家）次之，君为轻。”他认为人民是主体，是根本，根据人民的意愿，政体（社稷）和君主都可以改变。杀一个坏的君主，和杀一个普通人一样，“闻诛一夫纣矣，未闻弑君也”，“君之视臣如土芥，则臣视君如寇仇”，“君有大过则谏，反复之而不听，则易位”。正是《孟子》思想中这些闪闪发光的部分刺痛了明代朱元璋，他气急败坏地说：此老如活到今日，也应该杀头。他下令翰林学士刘三吾将《孟子》大砍大删，于洪武二十七年（1394年）编成《孟子节文》，以上所引的句子全被删掉，被删掉的总字数占全书的46.9%。通过这些被删的部分，正好可以看出《孟子》的民主精华。

朱元璋除下令删节《孟子》外，又大杀旧臣，废宰相制，兴文字狱，创建八股考试制。正是这一系列的倒行逆施，使中国科学在明代初年出现了一个低谷。研究科学与民主的关系，这应该是一个很好的案例。

① 李约瑟. 中国科学技术史：第二卷　科学思想史[M]. 北京：科学出版社，上海：上海古籍出版社，1990：9.

孟子的民本思想，当然和近代的民主不是一回事，但很接近。他要向君主提意见，要变更君主，那就得有大无畏精神，所谓“富贵不能淫，贫贱不能移，威武不能屈，此之谓大丈夫”，就是他的豪言壮语。把这个精神应用到科学研究上，那就要求真、求故。他说：

“天之高也，星辰之远也，苟求其故，千岁之日至（冬至、夏至），可坐而致也。”（《离娄下》）

汉代枚乘《七发》中曾说：“孟子持筹而算之，万不失一。”这句话也可能是有根据的。不管孟子本人会不会进行天文计算，他的“苟求其故”这句话，作为方法论，对后世是很有影响的。金元之际的大数学家李治就很强调“深求其故”，力主“推自然之理以明自然之数”，寻求事物数量之间的“所以然”，创建了“天元术”（列方程之法），从而使中国数学发展到了一个新的高峰。

徐光启在把中西科学进行了对比以后，发现中国古代科学往往缺乏严密的理论体系，他说：“孟子曰：‘苟求其故’。……故者，二仪七政，参差往复，各有所以然之故。言理不言故，似理非理也。”[①]他把“言故”“辨义”和“明理”作为科学研究的重要任务，强调“一义一法，必深言所以然之故”，要求“一一从其所以然之故，指示确然不易之理”。这可说是对孟子“苟求其故”方法的发挥。

王锡阐继承了徐光启的这一思想，他在《历策》一文中说：

“古之善言历者有二：《周易·大传》曰：‘革，君子以治历明时。’子舆氏曰：‘苟求其故，千岁之日至，可坐而致也。’历之道主革，故无数百年不改之历；然不明其故，则亦无以为改历之

① 徐光启．徐光启集 [M]．上海：上海古籍出版社，1984：73.

> 端。……今欲知新法之非，须核其非之实；欲使旧法之无误，当厘其误之由；然后天官家言，在今可以尽革其弊，将来可以益明其故矣。”

1859 年李善兰在为约翰·赫歇尔（John Frederick William Herschel）《谈天》（原名《天文学纲要》）中译本写的“序”中说：“古今谈天者莫善于子舆氏‘苟求其故’之一语，西士盖善求故也。”他一连用了三个“求其故”，把从哥白尼经开普勒到牛顿关于太阳系的结构及行星运动的认识，说得清清楚楚，认为他们的成果都是善求其故取得的。

从“苟求其故”到“善求其故”，虽然只是一字之差，但后者意识到了方法的重要性。可惜这时中国已经进入了半殖民地半封建社会，在三座大山的重重压迫下，中国人民已经很难在科学上做出一流成果了。

而今，斗转星移，神州大地，换了人间。随着综合国力的增强和经济建设的驱动，在 21 世纪，我国科学技术将会有突飞猛进的发展。未来的科学也不一定总是沿着 17 世纪确定下来的路线前进。美国学者雷斯蒂沃（S. P. Restivo）在 1979 年就预言说：“从 21 世纪开始认识的新科学可能出现在中国，而不是美国或其他地方。”[①] 当然，这个新科学不只是一些新成就，主要是方法上有所创新。雷斯蒂沃的这个预言能否实现，就要靠我们大家了。

朋友们，共同努力啊！

（本文系作者 1999 年 3 月在上海交通大学的演讲。）

① S. P. Restivo. Research in Sociology of Knowledge [J]. Science and Art, 1979(2): 25.

五论

中国传统科学思想的回顾

◎从天文学史到科学思想史

◎科学思想史的内涵

◎中国传统科学的思维模式

◎《中国科学技术史：科学思想卷》的写法

一、从天文学史到科学思想史

按照传统的看法，中国古代的天文学就是“历象之学”。历即历法，象即天象，这反映在二十五史中，就是《历志》和《天文志》。有人认为，历法计算只是一种技术，而古时的天象观测是为了预报人间吉凶，这都不是为了探索自然界的规律；因而作为科学的天文学，在古代中国根本不存在。但是，当我在叶企孙先生的引导下，第一次读到《庄子·天运》和《楚辞·天问》里以下两段文字的时候，心情很激动。

> “天其运乎？地其处乎？日月其争于所乎？孰主张是？孰维纲是？孰居无事推而行是？意者其有机缄而不得已邪？意者其运转而不能自止邪？”（《庄子·天运》）
>
> “遂古之初，谁传道之？上下未形，何由考之？冥昭瞢暗，谁能极之？冯翼惟象，何以识之？”（《楚辞·天问》）

这两段话问得太深刻了！前者讨论天体的运动问题和运动的机制问题。为了回答这一问题，就得研究天体的空间分布和运动规律，这是天体测量学、天体力学和恒星天文学的任务，牛顿力学就是在这一研究方向上产生的。但引力是什么，至今还没有圆满的答案。后者讨论宇宙的起源和演化，是天体物理学、天体演化学和宇宙学的任务。20 世纪在爱因斯坦相对论和哈勃定律基础上建立起来的大爆炸宇宙论虽然得到了一些观测事实（微波背景辐射、元素丰度）的证实，但也很难说是最后的定论。

到 1911 年辛亥革命时，中国只有肉眼观测的天体测量学工作，其他五门学科都是哥白尼以后在西方逐渐发展起来的，科学的天体演化学和宇宙学是 20 世纪才有的。我们的祖先当然没有条件解决庄子和屈原提出的问题，但是从汉代起，还是有不少人做了一些回答。这些回答尽管是思辨性的，而且绝大多数是错误的，但也有一些天才的思想火花，值得大书特书，例如汉代纬书《尚书考灵曜》说：

> “地恒动不止，人不知，譬如人在大舟中，闭牖而坐，舟行而人不觉也。”

这里不仅明确指出大地在运动，而且解释了地动而人不知的原因。伽利略在他的名著《关于托勒密和哥白尼两大世界体系的对话》（1632 年）中论述人为什么感觉不到地球在运动时，用的是同样的例子，从而把运动的相对性原理做了生动的阐述。

如果把中国历史上这些关于天地结构、运动、起源和演化的论述，不管正确与否，都搜集起来，予以系统论述，将会在以往的“历象之学”范围以外，开辟一个新的园地，使人们对中国天文学史有个新的感觉。1973 年 6 月在中国科学院召开的天体演化学术座谈会上，应会议主持人之邀，我写了一份《中国古代关于天体演化的一些材料》，打印 150 份，散发给与会者，反应很好，大家对其中的如下一段话尤为欣赏：

“列宁说：‘客观唯心主义有时候可以转弯抹角地（而且还是翻筋斗式地）紧密地接近唯物主义，甚至部分地变成了唯物主义。’[①] 宋代客观唯心主义哲学家朱熹（1130—1200）在天体演化问题上正是这样。朱熹认为，天地初始混沌未分时，本是一团气，这一团气旋转得很快，便产生了分离作用。重浊者沉淀在中央，结成了地；轻的便在周围形成了日月星辰，运转不已。而且他设想原始物质只有水、火两种，又联系到地上山脉的形状，认为地是由水中的渣子组成的。朱熹的这个学说比起前人有三大进步：一是他的物质性，《淮南子·天文训》和张衡的《灵宪》虽然认为天地在形成以前是一团混沌状态的气，但这团气是从虚无中产生的；二是他的力学性，考虑到了离心力；三是联系到地质现象。康德星云说的提出（1755 年）可能受到他的影响。”

在这次会议的影响下，我和我的大学同学、著名科普作家郑文光合作，写了一本《中国历史上的宇宙理论》，于 1975 年在人民出版社出版，并于 1978 年被译成意大利文在罗马出版。

《中国历史上的宇宙理论》出版的时候，祖国大地正逢严寒的冬天，可以说是“悬崖百丈冰”。1978 年迎来了科学的春天，自然科学史研究所也重新回到中国科学院的怀抱。在讨论“科学史三年计划和八年发展纲要”时，主持人仓孝和主张要开拓新的领域（近代史、思想史、中外交流史等），并且劝我说：“你可在《中国历史上的宇宙理论》的基础上拓宽到整个中国科学思想史，这还是一片处女地。”的

① 列宁．哲学笔记 [M]．中共中央马克思恩格斯列宁斯大林著作编译局，译．北京：人民出版社，1974: 308．

确，当时关于中国科学思想史的著作，只有两本书，散见的论文也很少。这两本书一是1925年德国学者佛尔克（A. Forke）用英文出版的《中国人的世界观念》（*The World Conception of the Chinese*），1927年有德译本，日本于1939年翻译出版时取名为《支那自然科学思想史》。中华人民共和国成立前我在中山大学念书的时候，哲学系主任朱谦之即向我推荐过这本书，认为有译成中文的必要，可惜至今没有人翻译，而美国于1975年又进行了再版。二是1956年英国学者李约瑟出版的《中国科学技术史》第二卷《科学思想史》（*History of Scientific Thought*）。这一卷是李约瑟多卷本《中国科学技术史》著作中争论最大的一本，这本书不但在国外受到激烈批评，在国内也不受欢迎，港台地区部分学者甚至断言，由于意识形态关系，国内不会翻译出版这一本。事实上，1975年的翻译计划中也的确没有这一本，1990年它才得以在北京出版中文版。由此可见，要进行科学思想史研究有多么难！

二、科学思想史的内涵

在我接受了仓孝和的建议，正在酝酿研究中国科学思想史的时候，1980年春，以中山茂为首的日本科学史代表团一行10人来华访问，其中有一位寺地遵，是研究科学思想史的，著有《宋代的自然观》。当时任中国科学院副院长的严济慈院士在接见他们时，向寺地遵提出了一个问题："什么是科学思想史？物理学史、化学史对象很具体，我知道历史上有许多物理学家、化学家，但没有听说过有科学思想家。"弄得寺地遵先生很尴尬。为了回答严济慈提出的问题，也为了开展我们的工作，我翻阅了一些国外出版的关于科学思想史的书，但都没有明确的定义。日本学者坂本贤三在他的《科学思想史》（1984 年）“绪论”中说科学思想史似乎开始于规定“科学思想”的含义，但又无法预先明确“科学思想”这一概念。目前，只能就科学家对待研究对象的态度作出规定，即把它当作科学家的自然观和研究方法加以历史的追述，这就是本书的任务。坂本贤三兜了一个圈子，实际上是把科学思想史规定成了自然观和方法论的历史。我们认为还应该加上科学观的历史。以下仅就这三个方面，结合中国历史文献予以阐述。

1．自然观

自然观首先是人与自然的关系。在这方面，《荀子 · 天论》是一篇非常精彩的论文。它指出：①自然界的运动变化是有规律的，与人间的政治好坏无关（“天行有常，不为尧存，不为桀亡”）。②自然界发展到一定阶段，产生了人以后，人就本能地要认识自然界，而自然界也是可以认识的（“凡以知，人之性也；可以知，物之理也”）。③人不但要认识自然，还要利用自然和改造自然来为自己服务（“财［裁］非其类以养其类”），但自然界有些事物对人类是有益的（“顺其类者谓之福”），有些是有害的（“逆其类者谓之祸”），对前者要“备其天养”，对后者要“顺其天政”，把这两种事情弄清楚了，人类就能“知其所为，知其所不为”，而“天地官（管）而万物役矣”。

自然观范围很大，不仅仅是讨论人与自然的关系，更重要的是人们对物质、时空和运动变化的研究和看法，几乎涉及自然科学的全部，哲学家们也很关心。“子在川上曰：逝者如斯夫，不舍昼夜。”《论语 · 子罕》里引述孔子的这一句话，生动地表述了时间的连续性、流逝性和流逝的不可逆性。《管子 · 宙合》第一次把时间和空间合起来讨论。宙即时间；合即六合（四方上下），也就是三维空间。

“宙合之意，上通于天之上，下泉于地之下，外出于四海之外，合络天地，以为一裹。……是大之无外，小之无内。”

在中国古代，人们更多的是用“宇”来表示空间，管子的“宙合”，通俗的说法就是“宇宙”，“天地”则是宇宙中能观测到的部分。因此，把这段话译成白话文就是：宇宙是时间和空间的统一，它向上直到天的外面，向下直到地的里面，向外越出四海之外，好像一个包裹一样把我们看见的物质世界包在其中……但是它本身在宏观方面和微观方面都是无限的。

我们看到的物质世界是有序列的，《荀子·王制》中说：

“水火有气而无生，草木有生而无知，禽兽有知而无义；人有气、有生、有知，亦且有义，故最为天下贵也。”

李约瑟在他的《中国科学技术史》第二卷《科学思想史》中曾经引述这一段话，并且说在他和鲁桂珍之前无人发现这段话和亚里士多德的灵魂阶梯论极其类似，并且列表如下。

表 2　亚里士多德的灵魂阶梯与荀子的论述

亚里士多德（公元前 4 世纪）	荀子（公元前 3 世纪）
	水与火：气
植　物：生长灵魂	植　物：气 + 生
动　物：生长灵魂 + 感情灵魂	动　物：气 + 生 + 知
人：生长灵魂 + 感情灵魂 + 理性灵魂	人：气 + 生 + 知 + 义

但是，荀子的论述与亚里士多德的论述有本质上的不同。荀子根本没有灵魂概念，荀子主张气是构成万物的元素。气是物质的，而亚里士多德的灵魂是精神的。在荀子看来，生物和无生物在原始物质上没有什么不同，而人和动物除了“义”以外也没有什么不同，义是后天教养获得的。

在荀子看来，人是这个物质序列中最高级的。这是上帝安排的呢，还是有一个演化过程？荀子没有回答。晋代郭象在《庄子注》中明确地断言“故造物者无主，而物各自造”。“物各自造”，又是怎么造的，《庄子·寓言》中的回答是：“万物皆种也，以不同形相禅。”这几乎道出了达尔文进化论的书名：《物种起源》。万物本是同一种类，后来逐渐变成不同形态的各类，但又不是一开头就同时变成了现在的各种各类，而是一代一代演化（相禅）的。

2．科学观

科学观是指人们对科学的起源、本质、作用、价值以及科学家在社会中的地位的看法，但和科学社会史不同。科学社会史，例如默顿的《十七世纪英格兰的科学、技术与社会》（*Science*, *Technology and Society in the Seventeenth Century England*），它是用清教伦理和当时英格兰工业发展的需要来解释英格兰的科学为什么在17世纪得到突飞猛进的。而科学思想史中的科学观则不具体讨论某一时期科学、技术与社会的关系，而是追述某一时期人们对科学技术的看法。在这方面，战国时期的《世本·作篇》可以说是一个典型。可惜该书已失传，根据清代人的辑佚来看，它所反映的思想和《周易·系辞》《韩非子·五蠹》差不多。《五蠹》中说：

“上古之世，人民少而禽兽众，人民不胜禽兽虫蛇。有圣人作，构木为巢，以避群害，而民说之，使王天下，号之曰有巢氏。民食果蓏蚌蛤，腥臊恶臭而伤腹胃，民多疾病。有圣人作，钻燧取火，以化腥臊，而民说之，使王天下，号之曰燧人氏。

中古之世，天下大水，而鲧、禹决渎。

近古之世，桀纣暴乱，而汤、武征伐。”

在韩非看来，上古之世是那些技术发明家被尊为圣人；中古之世的圣人，也是与自然界做斗争的英雄；近古之世的圣人，其功绩则主要是征伐暴君了。当今之世的圣人怎样呢？《五蠹》接着以“守株待兔”的故事做比喻，说明时代不同，任务不同，当今的圣人和王者不仅不能去构巢、钻燧，而且也不能把从事这类工作的人当作圣人。人类征服自然的能力不断提高，人类的数量不断增多，群体越来越大，社会结构越来越复杂，管理工作越来越重要，产生了阶级和分工。一部落人为了保证自己的利益，不得不用暴力和说教迫使和诱惑另一部落人服从，于是政治家、军事家、思想家应运而生，他们成了人类社会的主角，成了圣人和英雄。生产还必须进行，科学也还需要发展，但比起政治、经济、军事工作来，重要性、紧迫性就要差一些，科学家的地位也就不能不排在政治家、军事家、思想家的后面了。这不只是儒家的看法，法家也是一样，《五蠹》就是一个有力的证据。这种排位方法，在未来相当长的一段时期里，恐怕还不会变，这是历史的必然！

3. 方法论

拉普拉斯在他的《宇宙体系论》里说：“有些科学家只注意首先提出一个原理的优越性，可是他们却没有弄清楚建立这个原理的方法，这样便将自然科学的一些部门，导入古人的神秘论，而使其成为无意义的解释。”殊不知“认识一位天才的研究方法，对于科学的进步，甚至对于他本人的荣誉，并不比发现本身更少用处”[①]。近代科学和古代科学的区别，除了知识更加系统以外，最本质的一点就是方法上的区别。萨顿说：“直到 14 世纪末，东方人和西方人还是在企图解决

① 拉普拉斯. 宇宙体系论 [M]. 李珩，译. 上海：上海译文出版社，1978: 444-445.

同样性质的问题时共同工作的。从16世纪开始，他们走上不同的道路。分歧的基本原因，虽然不是唯一的原因，是西方科学家领悟了实验的方法并加以应用，而东方的科学家却并未领悟它。”[①] 因此，方法史的研究必然要成为科学思想史的组成部分。

近代科学诞生的标志之一的方法论著作——培根的《新工具》，是针对亚里士多德的逻辑学著作《工具论》而写的。后者重演绎，有著名的三段论法，前者强调知识要以实验为基础，重归纳。很多人以中国没有能产生这样两部逻辑学的伟大著作而深感遗憾，甚至认为今天中国科学落后也是这个原因造成的。事实上未必如此。逻辑和语法一样，中国古代没有语法书，不等于中国人就不会说话写文章；中国没有系统性的逻辑学著作，不等于中国人就不会逻辑思维，更何况逻辑思维也不是万能工具。爱因斯坦说：

> “纯粹的逻辑思维不能给我们带来任何关于经验世界的知识；一切关于实在的知识，都是从经验开始，又终结于经验。用纯粹逻辑方法所得到的命题，对于实在来说完全是空洞的。由于伽利略看到了这一点，尤其是由于他向科学界谆谆不倦地教导了这一点，他才成为近代物理学之父——事实上也成为整个近代科学之父。”[②]

从爱因斯坦的这一论点出发，我们觉得朱熹把《大学》和《中庸》从《礼记》中独立出来，具有重要意义。

“中庸”这个词本身就有方法论的意义，《中庸》中还有一套完整的关于治学方法的论述，共分三段，第一段是：“博学之，审问之，慎

---

① 萨顿．科学的历史研究 [M]．刘兵，等编译．北京：科学出版社，1990: 5.

② 爱因斯坦．爱因斯坦文集：第一卷 [M]．许良英，范岱年，编译．北京：商务印书馆，1976: 313.

思之，明辨之，笃行之。”这勾画出了做学问的基本步骤和方法：第一步“学”是获取信息；第二步“问”是发现问题和提出问题；第三步“思”是处理信息，用各种逻辑方法进行推理，得出结论；至于结论是否正确，那就要进行第四步“辨”；辨明白了，如果正确，那就要坚持真理，一往无前地去执行，那就是第五步“行”。朱熹把这五个步骤做了详细的注解，并且提出“学不止是读书，凡做事皆是学”，要“于见闻上做工夫”。所谓“见闻”，朱熹在这里没有明说，从他一生中的实践来看，应该是包括对自然的观察在内的。

“science”一词源于拉丁文 *scientia*（知识），希腊文中没有这个词[①]，1830 年左右法国实证主义哲学家孔德才使用这个词，意指将研究对象分为众多学科去研究的学问，与众学科之统辖的学问（philosophy）相对应。1874 年日本学者西周（1829—1897）将这两个词译成“科学”和“哲学”。19 世纪末这两个词传来中国之前，中国与“科学”相应的词为“格物”或“格致”。“格致”即格物致知的简称。“致知在格物，物格而后知至。”这句话也有方法论的意义，它在《礼记 · 大学》中沉睡了一千多年。朱熹把《大学》独立出来并且写了“补《大学》格物致知传”后，它成了一个术语，从而受人注意起来。朱熹的“物”本来包罗万象，包含人文和自然两方面的意思，但后来的人多从自然方面去理解，这客观上提高了人们认识物质世界的自觉程度，可以说是一个进步。宋代朱中有认为研究潮汐的学问是格物，王厚斋和叶大有认为植物学是格物；金代刘祁认为本草学是格物，宋云公认为医学是格物；元代四大名医之一的朱震亨干脆把自己的医学著作名为《格致余论》；明代李时珍和宋应星都把自己的工作

① 汪子嵩，等. 希腊哲学史：第一卷 [M]. 北京：人民出版社，1988: 85.

认为是格物，徐光启和利玛窦在译《几何原本》的“序”中，就直接把它等同于现在的自然科学了。

三、中国传统科学的思维模式

亚里士多德和培根，都把自己的逻辑学著作称为“工具论”。逻辑，作为思维的工具，不含有思维对象的任何内容，归纳、演绎、分析、综合等，都只是人们研究问题时所用的方法，不因时代而异。当今思想界所注意的思维模式，用库恩的话来说，就是“范式”，则是历史的产物，它在某一历史时期被创造出来，并在某一历史时期趋于消灭。思维模式的变化，反映着人类思维的进步和发展，或是深化，或是拓广。

思维模式，表现为一些范畴、命题、观点，直至系统的理论和学说，它是一种大的框架，在一定的历史时期内，某一科学共同体就用这个框架来描述自己置身其中的世界。我们认为阴阳、五行、气就是中国传统科学的三大范式，各门学科都用它们来说明自己的研究对象，如伯阳父在论述地震的原因时说：“阳伏而不能出，阴迫而不能烝，于是有地震。”

1．阴阳

正式把阴、阳作为相互联系和相互对立的哲学范畴来解释各种现象，开始于《周易 · 系辞》。《周易 · 系辞》提出：“一阴一阳之谓道，继之者善也，成之者性也。”又引孔子的话说：“乾坤，其易之门耶？乾，阳物也；坤，阴物也。阴阳合德，而刚柔有体，以体天地之撰，以通神明之德。”这就是说，宇宙间所有事物的运动、变化，都离不开阴阳。在物质世界中，最大的阳性物体是天，最大的阴性物体是地。当时认为天动地静，动是刚健的表现，静是柔顺的表现，所以又将动静、刚柔和阴阳联系起来了。又说："动静有常，刚柔断矣""刚柔相推而生变化""穷则变，变则通，通则久"。中国科学院软件研究所唐稚松院士将《周易 · 系辞》中的这些论述与计算机软件设计中的动态语义（算法过程的执行部分）和静态语义（定义部分）结合起来，提出 XYZ 系统，用静态语义形式验证的方法作为手段，找出防止起破坏作用的动态语义性质，解决了 40 多年来计算机软件设计中的一大难题，从而获得 1989 年国家自然科学奖一等奖。日本软件工程权威、SRA 技术总裁岸田孝一于 1995 年 12 月 4 日在《朝日新闻》（夕刊）发表专文介绍 XYZ 系统时说："虽然这系统所采用的基础数学理论来源于西方，但构造此系统的哲学思想却来自中国，这也许可以说是东方文明对于新的 21 世纪计算机技术发展的一大贡献吧！"

2. 五行

"五行"一词首见于《尚书 · 夏书 · 甘誓》，但只有"五行"两个字，没有具体内容。《尚书 · 周书 · 洪范》中有详细的记载：

> "五行：一曰水，二曰火，三曰木，四曰金，五曰土。水曰润下，火曰炎上，木曰曲直，金曰从革，土爰稼穑。润下作咸，炎上作苦，曲直作酸，从革作辛，稼穑作甘。"

《洪范》在今文《尚书》中列入《周书》，而《左传》引《洪范》文句则称为《商书》，因为这是武王克商以后，武王向被俘的殷朝知识分子征询意见时与箕子的谈话。有人认为这篇文章长篇大论，可能是战国时期的作品。我们认为《洪范》这篇文章可能晚出，但其中关于五行的这段话是有根据的，是西周时期的思想。据《左传》记载，春秋时期各国贵族已在阅读《洪范》。《国语·郑语》更载有史伯（伯阳父）曾对郑桓公（做过周幽王的卿士）说过：

> “夫和实生物，同则不继。以他平他谓之和，故能丰长而物归之。若以同裨同，尽乃弃矣。故先王以土与金、木、水、火杂，以成百物。”

史伯的这段话很有意思。第一，他认为不纯才成其为自然界，完全的纯是没有的。第二，不同的物质相互作用和结合（“以他平他”），自然界才能得到发展。第三，不但把金、木、水、火、土五种物质都提出来了，而且认为它们互相结合（“杂”）可以组成各种物质，这就有“元素”的意义在内。第四，史伯说，这不是他自己的看法，在他之前就有了。

从以上的两段引文可以看出，五行的次序在《尚书》和《国语》这两本书中就有所不同：

《尚书》：水、火、木、金、土。

《国语》：土、金、木、水、火。

这两种排列的不同，看不出有什么意义，可能是前者认为水最重要，最原始；后者认为土最主要，更原始。到了《管子·五行》篇，其排列次序就有相互转化的意义了：

木→火→土→金→水→木　　（1）

此即所谓相生的次序。与此相反，还有一个相胜序，是由战国时期的邹衍提出来的，即木克土，土克水，水克火，火克金，金克木。若以符号表示可写为：

木＞土＞水＞火＞金＞木　　（2）

汉代董仲舒既讲五行相生，又讲五行相胜（相互制约），他发现，这中间有个微妙的关系：若按相生排列（1），则“比相生而间相胜”，即相邻的相生，如木生火；相间隔的相胜，如木克土。如按相克的次序排列（2），则“比相胜而间相生”。

从相生、相胜原理又可推导出另外两个原理：（3）相制原理，（4）相化原理。前者是由相胜原理推导出来的，是说一种过程可以被另一种过程所抑制。例如金克木（刀可以砍树），但火克金（火可以使刀熔化变弱），这就抑制了金克木的作用。相化原理是由相胜原理和相生原理结合推导出来的，是说一种过程可以被另一种过程掩盖。例如金克木，但水可以生木，如果植树造林（水生木）的过程大于砍伐（金克木）的速度，那么金克木的过程就可能显示不出来。

如果说相生、相胜原理是一种定性的研究，那么相制、相化原理就含有定量的因素，结果取决于速度、数量和比率。由此再前进一步，墨家和兵家就提出了一个更重要的、具有辩证意义的原理。《孙子·虚实》中说：“五行无常胜。”《墨子·经下》：“五行毋常胜，说在宜。”《墨子·经说下》的解释是：“火铄金，火多也；金靡炭（木），金多也。”就是说，五行相克的次序，不一定总是对的，关键在于数量。火克金是因为火多，火少了就不行；金克木，金也得有一定数量。《孟子·告子上》中把这个道理说得更生动：水能灭火，但用“一杯水，救一车薪之火”，不但不能灭火，反而使火烧得更旺，“杯水车薪”这个成语至今仍然常用。

五行理论不仅把金、木、水、火、土当作五种基本物质来讨论它们之间的关系，而且把它们符号化，认为它们各代表着一类东西，如木在五色中代表青，在天干中代表甲乙，在五味中代表酸，在五音中代表角……这样，就把整个世界（包括社会方面）都纳入这个框架中了。其中不免有牵强附会之处，但总的来说，这一理论在认识世界和改造世界方面还是起了积极作用的。王充在《论衡·物势》里说得好：

> “天用五行之气生万物，人用万物作万事。不能相制，不能相使；不相贼害（克），不成为用。金不贼木，木不成用；火不铄金，金不成器。故诸物相贼相利。”

因为火克金，人类才可以把金属加工成各种工具和器物；因为金克木，人类才能用金属把木材加工成各种工具和器物。保存至今的许多文化遗迹、遗物，都是在这两类工具的结合下产生的，这就是“诸物相贼相利”。人类又利用水生木的原理进行农业生产，利用木生火的原理把农产品和肉类加工煮熟，吃得舒服，才能持续发展到今天。

3．气

最早注意到气的重要性的仍然是伯阳父。《国语·周语》中记载他的话：“夫天地之气，不失其序。若过其序，民乱之也。阳伏而不能出，阴迫而不能烝，于是有地震。”《老子》也说：“万物负阴而抱阳，冲气以为和。”伯阳父和《老子》都认为天地之气有一定的秩序，阴阳两种力量相互作用的结果，有时可以使这种秩序受到破坏。这样，就把气提高到和自然界最基本的两种性质（阴阳）相等的地位。如果阴阳更多地表现在能量方面的话，气就更多地表现在质量方面。然而，把气当作万物的本原，说得最系统的还是《管子·内业》：“凡物之精，化则为生。下生五谷，上为列星；流于天地之间，谓之鬼神；藏于胸中，谓之圣人。”这里说得很明确，从天上的星辰到地上的五谷，都是由气构成的；所谓“鬼神”，也是流动于天地之间的气；圣人有智慧，也是因为他胸中藏有很多气。万物都是气变化和运动的结果，但总离不开气。

值得注意的是，这段引文的开头有一个“精”字。“精”和“粗”是相对的。精原意指细米。《庄子 · 人间世》说：“鼓筴播精，足以食十人。”司马彪注：“鼓，簸也。小箕曰筴。简（细）米曰精。”同理，精气就不是一般的呼吸之气、蒸气、云气、烟气之类的东西了，而是比这些气更细微的东西。它和普通的气一样没有固定的形状，小到看不见，摸不着，但又无所不在，又可能转化聚集成各种有形的物质，这就是《管子 · 心术上》中说的“动不见其形，施不见其德，万物皆以得”。

《吕氏春秋 · 尽数》亦言及精气，认为鸟的飞翔、兽的行走、珠玉的光亮、树木的茂长、圣人的智慧，都是精气聚集的表现。

到了汉代，又出现了“元气”一词。董仲舒说：“元，犹原也，其义以随天地终始也……故元者为万物之本，而人之元在焉。安在乎？乃在乎天地之前。”但是汉代多数人的观点是：元气是从虚无中产生的。《淮南子 · 天文训》说：“虚廓生宇宙，宇宙生气。气有涯垠（广延性），清阳（扬）者薄靡而为天，重浊者凝滞而为地。”这段话表示，气有广袤性，有轻重、动静的属性，天地是从气演化而来的，但气是从虚廓中通过时空（宇宙）而产生的。

到了宋代，张载提出“虚空即气”或“太虚即气”的命题，把关于气的理论推向了一个新的高度。他说：“气之聚散于太虚，犹冰凝释于水，知太虚即气，则无无”，即无形的虚空是气散而未聚的状态，“无”乃是“有”的一种形态，只是看不见，并非无有。他说：“气也者，非待其蒸郁凝聚，接于目而后知之；苟健顺动止，浩然湛然之得言，皆可名之象尔。”“凡象皆气也。”这就是说，气不一定是有形可见的东西，凡是有运动静止、广度深度，并且和有形的实物可以互相转化的客观实在，都是气。这就和现代物理学中的“场”有点相似了。中国科学院理论物理研究所何祚庥院士便有《元气、场及治学之道》一书，可以参考。简言之，场是物质存在的两种基本形态之一。场本身具有能量、动量和质量；它存在于整个空间，而且在一定条件下和实物相互转化。

阴阳、五行、气，这三大范畴，在这里我们是分别叙述的，但实际运用中又是互相结合的。唐代的李筌在《阴符经疏》中说："天地则阴阳之二气，气中有子，名曰五行。五行者，天地阴阳之用也，万物从而生焉。万物则五行之子也。"五行是构成万物的五种元素，但不是最基本元素；五行是从属于天地阴阳的，而气则充满于空间。两千多年来，中国学者们就是从这一大的框架出发来描述世界的，各个时代、各个学派、各个学科在具体运用时，都有其自己的特点，这就留待各章叙述了。

四、《中国科学技术史：科学思想卷》的写法

《简明不列颠百科全书》（1985 年中文版）"科学史"条目中说："科学思想是环境（包括技术、应用、政治、宗教）的产物，研究不同时代的科学思想，应避免从现代的观点出发，而需力求确切地以当时的概念体系为背景。"这个观点很重要，恩格斯在为马克思《资本论》第三卷写的"序"中，也早已指出："研究科学问题的人，最要紧的是对他所要利用的著作，需要照著者写这个著作的本来的样子去读，并且最要紧的是不把著作中没有的东西包括进去。"[1] 我们认为，说《老子》中已有原子核概念，《周易》中已有遗传密码，就不是实

---

① 马克思．资本论：第三卷 [M]．中共中央马克思恩格斯列宁斯大林著作编译局，译．北京：人民出版社，1975: 26.

事求是的态度。本书力图在详尽占有原始材料的基础上，根据当时的历史、文化背景，对每一历史时期的科学思想，尽量做客观的叙述，结论可能与时下流行的一些观点不同，作为一家之言，供大家讨论。

以时代先后为序，按历史发展阶段来写，这是目前已出版的几部中国科学思想史的共同特点。但在每一历史阶段中，又各自采用了不同的形式。或按著作，或按人物，如董英哲的《中国科学思想史》，写了30个人物和七本书；或按学科，如郭金彬的《中国传统科学思想史论》是分八个学科（数、理、化、天、地、生、农、医）写的；或按学派，如袁运开、周瀚光的《中国科学思想史》，既按学派，也按学科。李瑶的《中国古代科技思想史稿》则另有特色，综合性较强，但只从春秋战国时期写起。

我们认为，人是自然界的一部分，又是自然界发展到一定程度的产物。人类学会制造工具以后，才和其他动物区别开来。打击取石和摩擦取火，既是重要的技术发明，也是人们对自然物具有了一定的知识（科学）并经过思考的结果，可以说科学技术和科学思想是同步发展的，而且是从人和动物区别开来以后就开始了。把科学理解为以逻辑、数学和实验相结合取得的系统化了的实证知识，那只是对17世纪以后的近代科学而言，并且主要是指物理学。现在多数人认为：自然科学就是人们对自然的认识，这认识有浅有深，有对有错，是一条不断发展的历史长河。因而本书第一章还是从远古写到东周初年。

1. 巫术

写原始社会，在谈到科学思想起源的时候，不可避免地要涉及它和巫术（包括咒病术、咒人术、星占术等）、神话以及宗教的关系，这也是第一章的内容。神话和巫术的出现表明，人类开始从自己的现实能力之中分离或升华出了一种幻想的能力，这种幻想虽然能使人类的判断误入歧途，却是人类思维发展的一个阶梯。由此，如果借助神灵来实现自己的愿望，就走上了宗教的道路；如果借助现实的力量去实现自己的愿望，用真实的自然力或人力去代替幻想中的巫力，就走上了科学的道路。但是，直到今日，人类也无法完全用现实的力量满足自己的愿望，所以宗教和巫术依然存在，只是信的人少了，形式也有所改变。正如列宁在读到毕达哥拉斯（Pythagoras）关于灵魂的学说时所说："注意，科学思维的萌芽同宗教、神话之类的幻想的一种联系。而今天呢！同样，还是有那种联系，只是科学和神话的比例却不同了。"[1]

2. 百家争鸣

春秋战国时期，诸子蜂起，百家争鸣，他们在讨论政治、社会问题的同时，也触及许多自然科学的问题。从科学思想史的角度来看，影响更大，前面谈到的思维模式（范式），阴阳、五行、气，都是这一时期形成的，无疑应该重点叙述，但李约瑟在他的《中国科学技术史》第二卷《科学思想史》中已经把全书一半以上的篇幅用在这一时期了，为了避免重复，我们在第二章中就不再分学派叙述，而是以研究对象为标题，如"运动观与变化观""逻辑与思维"等，将各家论点集中在一起，这样更容易看出他们之间的异同，只有最后一节"《周易》的世界图像"例外。

3. 天人感应

第三章"秦汉时期的科学思想"以董仲舒的天人感应学说为主。这一学说的特点与《周易·系辞》中的"天垂象，见吉凶"不同。"天

① 列宁．哲学笔记 [M]．中共中央马克思恩格斯列宁斯大林著作编译局，译．北京：人民出版社，1974: 275.

垂象，见吉凶”是一种神学观念，它把天象看作是神对人的指示。神为什么发出这样的指示，而不发出别样的指示，那是神的事，人就不要问了。董仲舒的天人感应说则有一套逻辑推理。第一，物与物之间，“同类相感”“气同则会，声比则应”“试调琴瑟而错之，鼓其宫，则他宫应之；鼓其商，而他商应之。五音比而自鸣，非有神，其数然也。”数即规律，在这里，他首先把神排除在外了。第二，他在《春秋繁露》中又写了一篇《人副天数》，论证人和天地是同一类的物，而且具有特殊关系：“天地之精所生以物者，莫贵于人；人受命乎天也，故超然有以倚。”第三，“人主以好恶喜怒变习俗，而天以暖清寒暑化草木。喜乐时而当，则岁美；不时而妄，则岁恶。天地人主一也。……人主当喜而怒，当怒而喜，必为乱世矣。”君主喜怒无常，必然赏罚无度，以致天下大乱，阴阳二气就会失序，就会出现异常现象，发生灾害和怪异，因而他在《春秋繁露》中用了大量的篇幅研究阴阳二气的性质及其相互作用。

正因为董仲舒的天人感应论的基础是同类相感，而气是感应的中介，后来王充批判他也就从这一点开刀。王充认为：“人之精乃气也，气乃力也。”“气之所加，远近有差也。”“天至高大，人至卑小……以七尺之细形，感皇天之大气，其无分铢之验，必也。”考虑到物体之间的相互作用“乃力也”，而力的大小和距离（远近）以及物体本身的大小（没有意识到是质量）有关系，这是中国科学思想史上非常光辉的一页，可惜无人注意。

王充从理论上否认了人的德行能感动天，又回到先秦道家的天道自然，但不是简单的回归，他说：“道家论自然，不知引物事以验其言行，故自然之说未见信也。”《论衡·自然》这就从方法论上向前迈了一大步。注重观察和验证，这是王充科学思想的又一特点。

王充《论衡》虽写于汉代，但发挥作用则在魏晋南北朝时期。第四章首先论述了《论衡》与魏晋玄学的关系。魏晋玄学的三大代表作，王弼《老子注》《周易注》和郭象的《庄子注》，无一不受《论衡》的影响。郭象在《庄子注》中说的“上知造物无物，下知有物之自造”“物各自造而无所待焉”是这一思想的杰出代表。杨泉《物理论》、张华《博物志》、嵇含《南方草木状》、嵇康《声无哀乐论》等都是这一思想的反映。杜预在作《春秋长历》时提出“当顺天以求合，非为合以验天”，更是天道自然在天文学中的运用，用今天的话说，就是人为的历法要符合天象，而不是让天象去符合历法。杜预认为，后一种做法无异于“度己之迹，而欲削他人之足”，而汉代历法常有这种削足适履的现象。杜预把这种颠倒了的关系扭转了过来，这就为祖冲之在《大明历》中进行一系列改革准备了思想条件，也成为以后的许多历法家遵守的一条准则。

4. 天人交相胜

第五章为隋唐时期。隋唐时期理论兴趣浓厚起来，在天文学上有一行（张遂）的《大衍历》，在地理学上有封演、窦叔蒙等的潮汐理论，在化学方面有张九垓的《金石灵砂论》，在医学方面有巢元方的《诸病源候论》。在科学思想方面最大的成就则是刘禹锡的《天论》，它认为天人感应论和天道自然说都是错的，提出“天人交相胜”说。刘禹锡认为，天的职能在于生殖万物，其用在强弱，强有力者胜，有点像达尔文的进化论；人的职能在于用法制来管理社会，其用在是非。在这里，把自然现象和社会现象区别了开来，而且抛弃了从神学中演变出来的“天道”概念，这是一大进步。人胜天，是指人能利用自然和改造自然；天胜人是指人类尚不能认识和控制的自然过程，以及人类社会法制松弛，是非不明，强力、欺诈等现象的发生。这就是“天人交相胜”。

刘禹锡不但用“天理”“人理”把自然界的规律和人类社会的规律区别了开来，而且还企图用“数”和“势”两个概念来说明自然的规律。他在《天论》中以水与船为例，说：“夫物之合并，必有数存乎其间焉。数存，然后势形乎其间焉。一以沉，一以济，适当其数，乘其势耳。彼势之附乎物而生，犹影响也。”数，指物的数量规定，包括大小、多少等；势，指数量的对比。任何物都有自己的数量规定，数量的对比形成了势。势有高下、缓急。数小而势缓，人们容易认识，这就是“理明”；数大而势急，人们不容易认识，这就是“理昧”。刘禹锡在这里讲“理”，已经不用阴阳、五行等笼统概念来叙述，而是用数、势和运动特点来描述，这就为宋代理学家们“即物穷理”开了先河。不过，他把天理说成是恶和乱，一般人很难接受，就连他的好朋友柳宗元也反对，所以宋代学者在接受他的“理”的概念的同时，却把“天理”变成了真善美的代名词，所谓“存天理，灭人欲”是也。

5. 中国科学的高峰、衰落和复苏

第六章包括宋元明三代，时间跨度大，内容也多，是篇幅最长的一章。被胡适称为“中国文艺复兴时期”的宋代，也是中国传统科学走向近代化的第一次尝试。这时，完全、彻底抛弃了天道、地道、人道这些陈旧的概念，而以“理”来诠释世界。在朱熹的著作中，理有三重含义：一是自然规律（“所以然”），二是道德标准（“所当然”），三是世界的本原（“未有天地之先，毕竟也只是理”）。但他说“上而无极太极，下而至于一草一木一昆虫之微，亦各有理。一书不读，则阙了一书道理；一事不穷，则阙了一事道理；一物不格，则阙了一物道理。”（《朱子语类》卷十五）这就把认识世界提到重要地位上来了。

他又把《大学》《中庸》从《礼记》中独立出来，与《论语》《孟子》并列为“四书”，加以注解，汇集成《四书章句集注》，简称《四书集注》，鼓励大家来读，这也是一个不寻常的举动。虽然《论语》和《孟子》并无现代意义上的民主思想，《大学》和《中庸》亦无现代意义上的科学思想，但前者的“爱人”与“民本”思想，后者的“格物致知”与“参天化育”说，都是中国传统文化中最接近民主和科学的成分。

明初朱元璋于洪武二十七年（1394 年）命翰林学士刘三吾将《孟子》全书删掉 46.9%（一说三分之一），编成《孟子节文》。从被删掉的内容，如“君之视臣如土芥，则臣视君如寇仇”“君有大过则谏，反覆之而不听，则易位”“闻诛一夫纣矣，未闻弑君也”等，就可以看出孟子思想中闪闪发光的部分。还有，《孟子》中的“天之高也，星辰之远也，苟求其故，千岁之日至，可坐而致也”的“求故”思想，也是追求真理的科学精神。明末天文学家王锡阐认为历法工作有两个要点，一是革新，二是知故。我国近代科学的先驱李善兰在介绍赫歇尔的《谈天》时一连说了三个“求其故”，把从哥白尼经开普勒到牛顿关于太阳系的结构及行星运动的认识过程说得清清楚楚，认为他们的成果都是善求其故取得的。现在我们提倡创新，《大学》中的创新精神也很明朗，引汤之盘铭曰：“苟日新，日日新，又日新”，引康诰曰：“作新民”，引诗曰：“周虽旧邦，其命维新”，结论是：“是故君子无所不用其极”，也就是说要全力创新。

宋代新儒学虽有唯心主义的一面，但他们追求理性的精神和创新的精神，无疑有推动科学发展的作用。宋元科学高峰期的出现，这是一个因素。科学技术在短命的元代继续发展可以说是宋代高潮的强弩之末，这强弩之末由于明代初期的文化专制而完全泯没。朱元璋除删节《孟子》外，又大杀旧臣，废宰相制，大兴文字狱，创建八股考试制度，这一系列的倒行逆施，不能不对科学的衰落负重大责任。

在明代中叶以后，伴随着经济史学家所称的“资本主义萌芽”和思想史家所称的“实学思潮”的兴起，中国科学又开始复苏，在明晚期出现了具有世界水平的九部著作：李时珍《本草纲目》（1578年）、朱载堉《律学新说》（1584年）、潘季驯《河防一览》（1590年）、程大位《算法统宗》（1592年）、屠本畯《闽中海错疏》（1596年）、宋应星《天工开物》（1637年）、徐光启《农政全书》（1639年）、徐霞客《徐霞客游记》（1642年）、吴有性《瘟疫论》（1642年）。其数量之多和学科范围之广，都是空前的。而且这一时期有两个特点：一是在方法上，他们已自觉地开始注意考察、分类、实验和数据处理；二是开始体制化，隆庆二年（1568年）在北京成立的一体堂宅仁医会，由46位名医组成，有完整的宣言和章程，是世界上第一个科学社团，比英国皇家学会（1662年）和法兰西科学院（1666年）都早。可惜这一良好的势头没有得到发展，由于明廷腐败和清军入关，中国科学的发展又一次受到挫折。

6．对待西学的三种态度和三种理论

随着以利玛窦为代表的耶稣会传教士的东来，在1600年左右中国科学开始与西方科学对接，所以我们把明清之际另列一章（第七章），专门讨论此一时期的思想脉络。首先，在是否接受西方科学的问题上有三种态度，一为全盘拒绝，以冷守中、魏文魁、杨光先为代表；二为全盘接受，以徐光启和李之藻为代表；三为批判接受，以王锡阐和梅文鼎为代表。如果把这些人的文化水平分析一下，就会发现，接受派都是科学素养较高的人，正如李约瑟所说：“东西方的数学、天文学和物理学一拍即合。”[①]这“一拍即合”最突出地表现在对欧几里得《几何原本》的翻译和评价上。这本书中国人从来没有见过，但徐光启和利玛窦配合，仅用一年时间就将前六卷译出（1607年出版），并且得到中国知识界的高度赞赏。

在接受西学的旗帜下，又有三种理论出现：一曰中西会通，二曰西学中源，三曰中体西用。“会通”一词源自《周易·系辞上传》“圣人有以见天下之动而观其会通”，徐光启把它用在沟通中西历法上，认为“欲求超胜，必须会通；会通之前，先须翻译”，“翻译既有端绪，然后令甄明《大统》、深知法意者，参详考定，熔彼方之材质，入《大统》之型模，譬如作室者，规范尺寸一一如前，而木石瓦甓悉皆精好，百千万年必无敝坏”[②]。按照这段话的原意，徐光启是要在保持《大统历》框架不变的情况下，采用中西方最好的数据、理论和方法，写出一部新的历法。可惜《崇祯历书》还没有译完他就去世了，会通和超胜工作也就没有做。

从表面上看来，西学中源说也是做会通工作，但是他们的会通走上了邪路。此说肇始于熊明遇，后经明末三位杰出遗民学者（黄宗羲、方以智和王锡阐）的发挥，清初“圣祖仁皇帝”康熙的多方提倡，“国朝历算第一名家”梅文鼎的大力阐扬，成为清代的主导思想。这个学说有个演变过程，起初只是说西方科学技术和中国古代的有相同之处，后来则成为西方的科学技术是早年由中国传去的，甚至是偷过去的；其后果是：要想得到先进的科学技术，不必向西方学习，不必自己研究，只要到古书中去找就行。于是乾嘉时期考据之学大盛，大家都要“回归六经”，“六经”里面不仅有治国平天下的办法，也有

---

① 潘吉星. 李约瑟文集 [M]. 沈阳：辽宁科学技术出版社，1986: 196.

② 徐光启. 徐光启集 [M]. 上海：上海古籍出版社，1984: 374-375.

先进的科学技术。正当我们的先辈们把“回归六经”作为自己奋斗目标的时候，西方的科学技术却迈开了前所未有的步伐。直到西方人的坚船利炮打开了我们的大门，国人才恍然大悟，发现自己的科学技术大大落后了，我们非“师夷之长”不可了。

如何师夷之长？这又有个新的理论出来，即“中学为体，西学为用”。从表面上看来，这个说法似乎是徐光启“熔彼方之材质，入《大统》之型模”在新形势下的翻版，但实质上是有更深一层的内容，即要在保持中国封建君主体制不变的情况下，吸收西方科学技术。此说酝酿于洋务运动期间，中日甲午战争（1894 年）以后，沈毓桂明确提出，1898 年张之洞在《劝学篇》中系统阐发，遂成为清政府的一种政策。这政策本来是用于对抗康有为、梁启超的戊戌维新运动（1898 年），却没有想到它为辛亥革命（1911 年）创造了条件。辛亥革命第一枪在武汉打响，正是张之洞在那里练新军、办工厂、修铁路、设学堂和派遣留学生（黄兴、宋教仁和蔡锷等）的结果，所以孙中山说：“张之洞是不言革命的大革命家。”历史就是这样，效果有时和动机正好相反，张之洞没有想到，他要捍卫的清王朝在他死后不到两年就完了，从此历史翻开新的一页，本书的任务也就到此为止。

（原载席泽宗. 中国科学技术史：科学思想卷 [M]. 北京：科学出版社，2001：导言.）

六论

“气”的思想对中国早期天文学的影响

◎“气”的含义和演变

◎气与四季变化的关系

◎气与律历的关系

◎气与天地不坠不陷的关系

◎气和天地起源的关系

一、“气”的含义和演变

“气”是中国古籍中常用的一个词，是中国古典哲学中的一个基本概念；有时指具体物质，有时指具体物质的一种抽象，含义很广。从最早的文献来看，用在自然现象方面，有两种含义：

一是指人们呼吸的气。《论语·乡党》有“摄齐升堂，鞠躬如也，屏气，似不息者。”《庄子·盗跖》说：“孔子再拜趋走，出门上车……色若灰死，据轼低头，不能出气。”《管子·枢言》说人“有气则生，无气则死，生者以其气”。郑玄在注《礼记·祭义》时说：“气，谓嘘吸出入者也。”

二是与天气有关的云气。《庄子·在宥》说：“云气不待族而雨，草木不待黄而落。”《吕氏春秋·恃君览·观表》有：“天为高矣，而日月星辰、云气雨露未尝休矣。”许慎《说文解字》总结说：“气，云气也。”

说到“气”的社会属性，最有名的是《孟子·公孙丑上》所说的“浩然之气”，它是“道”和“义”相配合而产生的一种精神状态。

由于道义对于人的精神面貌，呼吸对于人的生命，云雨对于农业生产，都是十分重要的，这就使得人们有可能提高到一种理想认识，把它当作是构成宇宙万物的元素和本原。这个思想可能也产生得很早。《国语·周语》记载周幽王二年（公元前780年）伯阳父讲地震的原因时说："夫天地之气，不失其序；若过其序，民之乱也。阳伏而不能出，阴迫而不能烝，于是有地震。"伯阳父从天地之气说到阴阳，他大概认为阴阳也是由气构成的。《左传·昭公元年》（公元前541年）记载："天有六气，降生五味，发为五色，征为五声，淫生六疾。六气曰阴、阳、风、雨、晦、明也。"在这里，又进了一步，不仅阴、阳是由气构成的，而且风、雨、晦、明也是由气构成的。这六种气的相互作用，又派生出各种味道、颜色、声音和疾病，这就向气的一元论又前进了一步。然而说得最系统的还是《管子·内业》：

> "凡物之精，化则为生。下生五谷，上列为星；流于天地之间，谓之鬼神；藏于胸中，谓之圣人。是故此气，杲乎如登于天，杳乎如入于渊，淖乎如在于海，卒乎如在于己。"

这段话的意思是：物的精气，结合起来就能生出万物。在地下生出五谷，在天上分布出群星，流动在天地中间叫作鬼神，藏在人心中就成为圣人，因此这种气有时是光明照耀，好像升在天上；有时是隐而不见，好像没入深渊；有时是滋润柔和，好像在海里；有时是高不可攀，好像在山上。这里虽也有鬼神和圣人之类的不科学的东西，但认为它们也和星星、山川、草木以及普通人一样，也是由物质性的"气"构成的，从而否定了鬼神和灵魂可以先于物质而存在，这是物质第一性的朴素的唯物论思想。

《管子》是齐国著作的汇编。20世纪40年代刘节和郭沫若不约而同地考证出，《管子》中的《心术上》《心术下》《白心》和《内业》这四篇是齐国稷下宋、尹学派的著作。[①②] 宋钘大概与孟子（约公元前372年—公元前289年）同时而略早，尹文稍后。宋钘和尹文所谈的“气”又叫“精气”。“精”和“粗”是相对的。“精”原意为上等细米，《庄子·人间世》有“鼓筴播精”，就是说用小簸箕播细米。所以精气已不是人们呼吸的气，也不是天空的云气，而是一种更为细微的物质。这种物质和气一样没有固定的形式，它小到看不见，摸不着，但可以在任何地方存在，也可以转化成各种具体的有形的东西，用《心术上》的原话来说就是：“动不见其形，施不见其德，万物皆以得。”这也可以说是一种最早的“以太”思想。

古希腊米利都学派的代表人物之一阿那克西米尼（Anaximenes），虽然也提出气为万物的本原，认为气受热稀散就变成火，受冷凝聚就变成水、土和石头；气的不断凝聚和稀散，引起自然界的一切变化。但是，阿那克西米尼的这一学说在欧洲影响很小，而《管子·内业》中的思想对中国的哲学和科学产生了深远的影响，单《淮南子》一书中，“气”字就出现了二百多次。[③]《黄帝内经·素问·气交变大论》中有一句总结性的话：“善言气者，必彰于物。”就是说，懂得气和气的作用的人，必能对于物质世界有深刻的了解。“气”的思想，作为中国医学的理论基础，研究的人很多；作为中国古代天文学的理论基础，至今还没有人做过专题研究。本文先就它在中国早期天文学中的影响做一些探讨，待将来有机会再往下继续研究。

---

① 刘节．古史考存 [M]．北京：人民出版社，1958: 238-258.

② 郭沫若．青铜时代 [M]．北京：科学出版社，1957: 245-271.

③ 平岡禎吉．淮南子に現われた気の研究 [M]．東京：理想社，1968.

二、气与四季变化的关系

一年四季，寒来暑往，现在我们知道，这是由于地球在轨道上以约二十三度半的倾角绕太阳公转的结果，古人则认为是由于“气”的作用引起的。现在表示季节变化的二十四节气，即简称为二十四气。二十四气的全部名称，首见于《淮南子·天文训》。书中对昼夜长短和寒暑变化的原因的解释是：“阴阳气均，日夜平分。”“阳气胜则日修而夜短，阴气胜则日短而夜修。”“修”即长，因为淮南王刘安的父亲名刘长（淮南厉王），《淮南子》书中的“长”字均用“修”字代替。该书又说：“日冬至，则斗北中绳，阴气极，阳气萌，故曰冬至为德。日夏至，则斗南中绳，阳气极，阴气萌，故曰夏至为刑。”

这种认为四季的变化是由于阴阳二气的消长，并且把统治者实行刑罚和庆赏一类的事（“刑德”）跟阴阳二气也联系起来的思想来源很早。《管子·四时》里说：“阴阳者，天地之大理也；四时者，阴阳之大径也；刑德者，四时之合也。刑德合于时则生福，诡则生祸。”又说：“春凋，秋荣，冬雷，夏有霜雪，此皆气之贼也。刑德易节失次，则贼气速至。贼气速至，则国多灾殃。是故圣王务时而寄政焉，作教而寄武焉，作祀而寄德焉。此三者，圣王所以合于天地之行也。”于是，《管子·四时》的作者，便根据这一套天人感应理论，制定出了春夏秋冬四季统治者该做的事和不该做的事，例如：

“西方曰辰，其时曰秋，其气曰阴，阴生金与甲。其德忧哀、静正、严顺，居不敢淫佚。其事号令，毋使民淫暴，顺旅聚收，量民资以畜聚。赏彼群干，聚彼群材，百物乃收。使民毋怠。所恶其察，所欲必得，我信则克，此谓辰德。辰掌收，收为阴。秋行春政则荣，行夏政则水，行冬政则耗；是故秋三月，以庚辛之日发五政。……”

《吕氏春秋》十二纪继承了《管子·四时》中的这一思想，并将《管子·幼官》中关于“明堂”（一种具有宗教巫术性质的制度）的论述，以及《夏小正》中的物候历结合起来，于每一纪的开头第一篇讲天文、物候和其他方面的情况，以及在农业生产和政令、祭祀方面统治者所应该做的事情和不应该做的事情。十二纪有十二篇，汇合起来，就成为一年十二个月的月历。汉朝人把这十二个月的月历编入《礼记》，称为《月令》。《礼记·月令》的出现，更加强了中国天文学的官方性质；然而，我们在这里感兴趣的只是它如何用“气”来解释十二个月：

正月：“是月也，天气下降，地气上腾，天地和同，草木萌动。”

二月：“是月也，日夜分。雷乃发声，始电，蛰虫咸动，启户始出。”据《淮南子》，“日夜分”系由于“阴阳气均”。

三月：“是月也，生气方盛，阳气发泄，句者毕出，萌者尽达。”

四月：据《说文解字》“阳气巳出，阴气巳藏，万物见，成文章。”（卷十四下，对“巳”字的解释）

五月：“是月也，日长至，阴阳争。”

六月：据《吕氏春秋·季夏纪·音律》：“草木盛满，阴将始刑，无发大事，以将阳气。”

七月：据《说文解字》：“阴气成体。”（卷十四下，对“申”字的解释）

八月：“是月也，日夜分……杀气浸盛，阳气日衰，水始涸。”《说文解字》：“水，准也。北方之行。象众水并流，中有微阳之气也。”

九月：“寒气总至。”《说文解字》：“九月阳气微，万物毕成，阳下入地也。”（卷十四下，对“戌”字的解释）

十月："天气上腾，地气下降，天地不通，闭塞而成冬。"

十一月："是月也，日短至，阴阳争。"

十二月："命有司大难，旁磔，出土牛，以送寒气。""是月也，日穷于次，月穷于纪，星回于天，数将几终，岁且更始，专而农民，毋有所使。天子乃与公、卿、大夫，共饬国典，论时令，以待来岁之宜。"

三、气与律历的关系

《吕氏春秋·季夏纪·音律》说："天地之气，合而生风，日至则月钟其风，以生十二律。……天地之风气正，则十二律定矣。"《汉书·律历志》里也有差不多相同的一段话。古人看来，风是气的一种表现形式，而刮什么风则和季节有关系；另一方面，管乐器要用气来吹，十二律是根据管的不同长度定出来的。因此律和历就发生了联系，把十二律和十二月相配，就成了传统习惯，"律""历"二字常常连用。司马迁在《史记·律书》里对"律历"下的定义是："天所以通五行、八正之气，天所以成孰（熟）万物也。"司马贞《史记索隐》作的注是："八谓八节之气，以应八方之风。"这八方的风是：西北方的不周风，北方的广莫风，东北方的条风，东方的明庶风，东南方的清明风，南方的景风，西南方的凉风，西方的阊阖风。《史记·律书》的主要内容，就是以这八风为线索，以气为指导思想，对五声、十二律以及与历法有关的十天干、十二地支、十二月和二十八宿进行解说。例如：

"不周风居西北，主杀生。东壁居不周风东，主辟生气而东之，至于营室；营室者，主营胎阳气而产之。东至于危；危，垝也，言阳气之垝，故曰危。十月也，律中应钟；应钟者，阳气之应，不用事也。其于十二子为亥；亥者，该也，言阳气藏于下，故该也。”

《史记 · 律书》中的这套理论，到《汉书 · 律历志》更加系统化，以十二律为例：

黄钟：“钟者，种也。”“阳气施种于黄泉，孳萌万物，为六气元也。”

大吕：“吕，旅也，言阴大，旅助黄钟宣气而牙物也。”

太族：“族，奏也，言阳气大，奏地而达物也。”颜师古注：“奏，进也。”

……

根据三分损益率，若黄钟管长九寸，则林钟长六寸，太族长八寸，而其余律管的长度皆非寸的整数倍，故又以这三个音律代表董仲舒的天统、地统、人统，刘歆把他改编了的历法就叫“三统历”。刘歆认为“太极运三辰、五星于上，元气转三统、五行于下。”“元气”一词，大概出现在汉武帝时代，董仲舒的《春秋繁露 · 王道》有“元者，始也”，“王正则元气和顺”；《太平御览 · 天部》引《淮南子 · 天文训》开头一段话是“宇宙生元气”，而不是现行本的“宇宙生气”。“元气”是“气”的原始阶段，和日常所见的气不同。“元气”一词出现以后，“精气”就少用了。《淮南子》中的“精”，有时即和“气”同义，例如《淮南子 · 天文训》“天地之袭精为阴阳”，高诱注：“袭，合也；精，气也。”

刘歆又说：“太极元气，函三为一。极，中也；元，始也。行于十二辰，始动于子……故孳萌于子，纽牙于丑……该阂于亥；出甲于甲，奋轧于乙……陈揆于癸。故阴阳之施化，万物之终始，既类旅于律吕，又经历于日辰，而变化之情可见矣。”在他看来，十干、十二支、阴阳、律历，千千万万的事物，都是元气运动变化的结果。

其实，不但“三统历”这个名称和“气”的思想有关，就是“三统历”的前身——《太初历》这个名称，也和“气”的思想有关，因为按照当时流行的观点，元气的开始阶段叫作“太初”，关于这一点，留在本文“气和天地起源的关系”中里再谈。总之，从战国到秦汉时代的历法中，“气”的观念是不可忽视的一个因素。

四、气与天地不坠不陷的关系

《庄子·天下》记载说，南方有个奇特的人，名叫黄缭，问“天地所以不坠不陷，风雨雷霆之故”，惠施“不辞而应，不虑而对”，并且对各种事物，都能有所解释。惠施是怎样回答的，没有留下材料，现在只能从一些旁证来寻找当时的答案。当时对这几个问题的答案都与气有关。“天地之气，合而生风”，“云气不待族而雨”，这在前面已经引过了。关于雷霆的成因，《庄子·外物》里说：“阴阳错行，则天地大絯（骇），于是乎有雷有霆，水中有火，乃焚大槐。”也就是说，阴气包住了阳气，阳气向外猛冲，就发出雷霆的声音，甚至发出雷火，在雨中把大树烧掉。

至于天为什么不塌下来，地为什么不掉下去，这个问题在《庄子》里没有答案，可是在《管子》里早有所议论，不过比较模糊，至今没有引起人们的注意。《管子·白心》说：“天或维之，地或载之。天莫之维，则天以坠矣；地莫之载，则地以沉矣。夫天不坠、地不沉，夫或维而载之也夫。”据下文的解释，这个“或”就是“视则不见，听则不闻，洒乎天下满，不见其塞”的东西，也就是精气。到了《黄帝内经·素问》里才说得明白起来。《黄帝内经·素问·五运行大论》里有一段假托黄帝和岐伯的对话：

帝曰：“地之为下，否乎？”

岐伯曰：“地为人之下，太虚之中者也。”

帝曰：“冯乎？”

岐伯曰：“大气举之也。燥以干之，暑以蒸之，风以动之，湿以润之，寒以坚之，火以温之。……故燥胜则地干，暑胜则地热，风胜则地动，湿胜则地泥，寒胜则地裂，火胜则地固矣。”

岐伯的理论是，大地处在宇宙的中心，漂浮在周围的大气之中，大气有燥、暑、风、湿、寒、火六种成分，这六种成分能分别发生干、蒸、动、润、坚、温六种作用，随着各种成分来到地上的数量的变化，便产生各种现象。张衡发明测量地震的仪器，名叫“候风地动仪”，就是根据“风胜则地动”这种思想而取名的。近人有不察之者，以为它是“候风仪”和“地动仪”两个仪器，这是一个误会。

地是浮在气中的，那么天又是怎么回事呢？盖天说者和浑天说者都认为天有个硬壳。有的盖天说者以为这硬壳像一把大伞一样，高高悬在上空，有绳子缚住它的枢纽，周围还有八根柱子支撑着，共工触倒的那个不周山，就是八根擎天柱之一。浑天说者则前进了一步，认为“天地各乘气而立，载水而行”。宣夜说者更进一步，认为天就是气，说“天，积气耳，无处无气，若屈伸呼吸，终日在天中行止”，“日月星辰亦积气中之有光耀者”。天色苍，是因为它高远无极，犹如远山色青，深谷色黑，而青与黑都不过是表象，透过现象看本质，并不是真的有有形体、有颜色的天壳（据《晋书·天文志》）。这样，天的界限被打破了，一切人为规定的高度被否定，在我们面前展开的是一个无限的宇宙，这在人类认识宇宙的历史上是一个飞跃。

不仅如此，宣夜说还认为“气”是天体运动的动力，“日月众星，自然浮生虚空之中，其行其止，皆须气焉”。如果再考虑到，刘智在《论天》（约 274 年）里已提出“气”具有超距作用，“无远不至，无隔能塞”，两者配合起来，意义就更为深刻了，可以说是引力思想的一种萌芽。

五、气和天地起源的关系

中国古代关于天地起源的思想，一开始就和“气”相联系。“遂古之初，谁传道之？上下未形，何由考之？冥昭瞢暗，谁能极之？冯翼惟象，何以识之？明明暗暗，惟时何为？阴阳三合，何本何化？”屈原在《天问》一开头就天地起源理论提出的这几个问题，反映出当时流行的看法是：从混沌中产生气，气分而为阴阳，阴阳掺合，化生万物。

屈原名平，字正则。他对当时流行的天地起源理论也可能是相信的，提出问题只是为了寻得更进一步的说明。而这更进一步的说明，到一百多年以后的《淮南子》中才出现。《淮南子》的《俶真训》《天文训》和《精神训》都谈到这个问题，而以《天文训》为最详细。根据《天文训》，气由于轻重和疏密的不同，不断分化，清轻的向上升腾成为天；浊重的逐渐凝固，向下成为地。清轻的容易团聚，浊重的不易凝固，故天先成，地后定。天地的气结合而分为阴阳，阴阳的气分立而成为四时，四时的气散布出来就成为万物。阳的热气积聚久了产生火，火的精气变成太阳；阴的冷气积聚久了产生水，水的精气变成月亮；太阳和月亮过剩的气变为星星。

在这里，《淮南子·天文训》的作者们以气为线索，对天地、日月星、四时、万物，描写出了一个演化过程，并对气的来源作了追述：“道始于虚廓，虚廓生宇宙，宇宙生元气。”这个概念有点像现代宇宙学中的奇点。如果再把西汉末叶成书的《易乾凿度》中的论述拿来和当前热爆炸理论中宇宙早期演化进行对比，更会发现有惊人的相似之处，现列表比较。

表 3　热爆炸理论、《易乾凿度》和《灵宪》的对比

<table>
<tr><th></th><th>热爆炸理论</th><th>《易乾凿度》</th><th>《灵宪》</th></tr>
<tr><td>1</td><td>奇点期：物质处于完全辐射状态，时空开始形成。</td><td>太易：“未见气也。”
郑玄注：“以其寂然无物，故名之为太易。”</td><td>道根
（溟涬）</td></tr>
<tr><td>2</td><td>极早期：重子开始形成。</td><td>太初：“气之始也。”
郑玄注：“元气之所本始。”</td><td rowspan="3">道干
（庞鸿）</td></tr>
<tr><td>3</td><td>早期：氦、氘、锂等重元素开始形成。</td><td>太始：“形之始也。”
郑玄注：“天象形见之所本始也。”</td></tr>
<tr><td>4</td><td>现期：星系胚（巨大的气体星云）开始形成。</td><td>太素：“质之始也。”
（“质”代表物质的刚柔、静躁、清浊等性质）</td></tr>
<tr><td>5</td><td>将来期：从现在到今后。</td><td></td><td>道实
（天元）</td></tr>
</table>

从第四阶段到第五阶段是一个转折点，在此以前是理论上的推断，在此以后是观测到的事实。现代宇宙学中所用的理论是基本粒子物理、等离子体物理、热力学、统计物理、量子论和相对论，而中国古代用的只是思辨性的“气”。《易乾凿度》说：“气、形、质具而未离，故曰浑沦。”郑玄注云：“虽舍此三始（太初、太始、太素）而犹未有分判，故曰浑沦，《老子》曰：‘有物混成，先天地生。’”

按《老子》第二十五章是："有物混成，先天地生。……吾不知其名，字之曰道。"第四十二章里又说："道生一，一生二，二生三，三生万物。"《易乾凿度》中的"浑沦"就是《老子》中的"道"，《周易·系辞》中的"太极"，《吕氏春秋》中的"太一"，扬雄《太玄经》中的"玄"，用热爆炸理论来说就是宇宙开初万分之一（10^{-4}）秒内的原始火球。东汉时许慎编的字典《说文解字》中说："惟初太始，道立于一，造分天地，化成万物。"古时以天地形成为转折点，现代以星系形成为转折点，这只是随着观测工具的进步，人们的眼界扩大了，其逻辑意义是一样的。

《易乾凿度》的天地形成理论，不但上有源，而且下有流。班固在《白虎通议·天地》里引作论据，张揖编的《广雅·释天》里有详细叙述，东晋时编的《列子·天瑞》中全文照抄，就连曹植写的《魏文帝诔》和陆机写的《吴大帝诔》中也都在大谈"皓皓太素，两仪始分""皇圣膺期，有命太素"，足见其流传之广和深入人心了。我们这里要特别一说的是王符（约85—约163）和张衡（78—139）的发展。

张衡的朋友王符在《潜夫论·本训》里说："上古之世，太素之时，元气窈冥，未有形兆，万精合并，混而为一，莫制莫御。若斯久之，翻然自化，清浊分别，变成阴阳。阴阳有体，实生两仪。天地壹郁，万物化淳，和气生人，以统理之。"这段话的大意是：天地没有形成的太素时代，一团广大的元气，没有形状，也不受什么力量控制和驾驭，只是许多精气合并着、混合着。这样混沌的情况，经过了一段很长的时间以后，突然自己发生变化，分成清浊两种，清的变成阳气，浊的变成阴气，阳、阴二气成为有形的东西就是天和地。天气和地气繁盛郁积，化生万物，那中和的气化生为人，统治万物。

把《潜夫论》中的这段话，和众所周知的张衡《灵宪》中关于天地起源的一段话进行对比，就会发现，两者基本上相同，都是上承《易乾凿度》，以太素为一个分界，太素以前是混沌状态，气按照刚柔和清浊的不同一分为二，形成天地；天地之气再积聚构合，生出万物。不同于前人的是，张衡更换了几个名词，他把“道”分配在演化的整个进程中。他所说的道根（溟涬）相当于太易阶段，道干（庞鸿）相当于从太初到太素三个阶段。太素以后，元气一分为二，形成天地万物的阶段，张衡把它叫作道实（天元）。

张衡的这些名词和说法，在徐整的《三五历纪》和皇甫谧的《帝王世纪》中都采用了，也为现今一般人所熟悉。但我们认为，在推崇《灵宪》的同时，也应给《易乾凿度》和《潜夫论》以应有的地位。

由上所述，不难看出，如同在中国传统医学中一样，“气”的思想也贯穿在中国古代天文学的各个领域。只有从思想史的角度，把这个问题理清楚了，才能了解古人当时是怎样想的，才能还历史以本来面目。本文只是一个开端，抛砖引玉，希望以后能有更深入的研究问世。

（原载席泽宗. “气”的思想对中国早期天文学的影响［G］//《中国天文学史文集》编辑组. 中国天文学史文集：第三集. 北京：科学出版社，1984.）

七论

天文学在中国传统文化中的地位

◎各种文化典籍中有丰富的天文学内容

◎在自然科学各学科中，天文学具有特殊的地位

◎天文学渗透到各种文化领域影响极广

一、各种文化典籍中有丰富的天文学内容

翻开世界文化史的第一页，天文学就占有显著的地位。巴比伦的泥砖、埃及的金字塔，都是历史的见证。在中国，河南安阳殷墟出土的甲骨文中，已有丰富的天文记录，表明公元前 14 世纪时，天文学已很发达。明末顾炎武（1613—1682）在《日知录》里说，夏、商、周“三代以上”，人人皆知天文。“七月流火”，农夫之辞也。“三星在天”，妇人之语也。“月离于毕”，戍卒之作也。“龙尾伏辰”，儿童之谣也。在中国文明的摇篮时期，天文学知识已普及到农民、士卒、妇女、儿童，顾炎武这样说是有典有据的。“龙尾伏辰”见《国语·晋语》，“七月流火”“三星在天”和“月离于毕”见于《诗经》的《七月》《绸缪》和《渐渐之石》三篇。

《诗经》是我国最早的一部诗歌总集，它汇集了西周初年（公元前 1100 年左右）到春秋中期（公元前 600 年左右）500 多年间的 305 篇作品，反映了当时各阶层的思想文化。此书中有不少脍炙人口的天文学句子，清人洪亮吉（1746—1809）有《毛诗天文考》一

卷，当代的研究则有刘金沂和王胜利合写的文章《诗经中的天文学知识》[①]。

《诗》《书》《易》《礼》《春秋》，自汉代起被认为是儒家的五部重要经典，合称“五经”，为中国古代每个知识分子的必读书。而在这些书中，就有很多天文学内容。《书》又名《尚书》，或称《书经》，它的第一篇《尧典》关于天文的内容占了总篇幅的五分之二，竺可桢的《论以岁差定〈尚书·尧典〉四仲中星之年代》是近人研究它的著名之作[②]。这些经书中的天文学内容，历来研究者多得不可胜数，《十三经注疏》中就汇集了不少，宋代王应麟有《六经天文编》、清代雷学淇有《古经天象考》等。这里只从文化史的角度，介绍一点影响我国古代天文学发展方向的材料。

《尚书·尧典》云：“乃命羲和，钦若昊天，历象日月星辰，敬授人时。”这就是说，要观察日月星辰，告诉人们历法和时间。“天文”一词，首见于《周易》。《周易·贲卦·彖辞》有“观乎天文，以察时变”，《周易·系辞》也说：“天垂象，见吉凶。”“仰以观于天文，俯以察于地理，是故知幽明之故。”这就是说，天象的变异，象征着人事的更迭祸福，天人之间有一种感应关系，天象观察可以预卜人间吉凶福祸，从而为统治者提出趋吉避凶的措施。中国传统文化中的天文学正是沿着这两部经书中所规定的路线前进的：一条是制定历法，敬授人时；一条是观测天象，预卜吉凶。所以中国古代便将天文学称为历象之学。

中国古代主管历象之学的官吏叫太史或太史令。张衡曾两次担任

① 刘金沂，王胜利．诗经中的天文学知识 [G]// 中国天文学史整理研究小组．科技史文集（十）．上海：上海科技出版社，1983: 118.

② 竺可桢．竺可桢文集 [M]．北京：科学出版社，1979：100-107.

太史令，先后共十四年。起初，太史的职责很多，除天文工作外，还有：（一）祭祀时向神祷告；（二）为皇室的婚丧嫁娶和朝廷的各种典礼选择吉日良辰；（三）策命诸侯卿大夫；（四）记载史事和编写史书；（五）起草文件；（六）掌管氏族谱系和图书。可以说："是一个混合宗教祭祀、卜筮、天文观测与资料记录的综合体。设立天文机构的目的是透过对过去的事件与自然征兆的了解，以达到对未来的掌握。"[①] 其后，随着时间的推移，有些带迷信色彩的职能逐渐消失，有些职能逐渐分开，不同的工作由不同的官员去负责，如天文观测和史书编写职能的分开，是到魏晋以后才实现的。编纂中国第一部纪传体史书的司马迁，就出身于天文世家。正因如此，他才能在《史记》中写出《历书》和《天官书》，总结出当时和以前的天文学成就，并为后世所师法。从《史记》开始的二十四史中，将天文、历法设专章叙述的凡十七史，占三分之二以上。就是不设专章的史书中，在本纪等篇章中也还有不少的天文记事，这一优良传统使我国天文学记载连绵不断，保存了丰富的天象记录，给当代的天文学研究提供了许多有用的资料。

由于正史中多设有天文历法专章，其他的史书也就都很注意收录天文方面的内容，如《续资治通鉴长编》就对 1054 年超新星做了详尽的记录。《明实录》《清实录》和八千多种地方志中都有大量天文资料，而马端临（1254—1323）《文献通考》中的《象纬考》则首次集中了中国古代的各种天象记录，成为西方汉学家和天文学家经常引用的资料来源，法国毕奥（J. B. Biot）、英国威廉·赫歇尔（Friedrich Wilhelm Herschel）、德国洪堡（Alexander von Humboldt）、瑞典伦德

① 刘昭民. 中华天文学发展史 [M]. 台北：商务印书馆，1985: 20.

马克（Knut Lundmark）都曾利用过。

按照经、史、子、集分类，天文学的专门著作隶属于子部天文算法类，在清代《四库全书总目提要》中著录和《四库全书存目丛书》中存目的共五十四部，在1956年出版的《四部总录天文编》中所收共约百部。但中国的天文学专著，并不限于此数，前述二十四史中的天文、律历诸志，也可以当作专门著作看待。子部其他类中也有大量的天文学内容，《庄子·天运》《荀子·天论》《吕氏春秋》十二纪、《淮南子·天文训》都是有名的篇章；术数类的《乙巳占》和《开元占经》等更是天文资料的大汇集；即使看来与天文学毫不相关的《蟹谱》（1059年），竟引有《释典》云“十二星宫有巨蟹焉”；由此可以证明巴比伦的黄道十二宫知识在宋代已很普及。

集部是文学作品，但中国古代用文学形式反映科学内容的也不少，张衡的《思玄赋》就是一篇很好的科学幻想诗，幻想飞出太阳系之外，遨游于星际空间，有关段落今请郑文光翻译如下：

> “我走出清幽幽的‘紫微宫’，到达明亮宽敞的‘太微垣’；让‘王良’驱赶着‘骏马’，从高高的‘阁道’上跨越扬鞭！我编织了密密的‘猎网’，巡狩在‘天苑’的森林里面；张开‘巨弓’瞄准了，要射杀蟠冢山上的‘恶狼’！我在‘北落’那儿观察森严的‘壁垒’，便把‘河鼓’敲得咚咚直响；款款地登上了‘天潢’之舟，在浩瀚的银河中游荡；站在‘北斗’的末梢回过头来，看到日月五星正在不断地回旋。”

这篇《思玄赋》被后人收集在张衡的诗文集《张河间集》中。明末清初的天文学家王锡阐有《晓庵先生集》，清中叶女天文学家王贞仪（1768—1797）有《德风亭集》。即使在非天文学家的作品中，也不乏天文学内容，《楚辞》就是一个很好的例证。屈原《天问》的开头关于宇宙结构和天地演化的提问是那么深刻，成为中国天文学史必写的篇章。明代戏曲作家张凤翼的《处实堂集》中有一首诗描写了1572年仙后座出现的超新星（即第谷新星）。古代天文仅凭肉眼观测就可做出成绩，文理不分是常事。

类书是把不同书中同一性质的内容汇集在一起，类似于现在的百科全书，也属于子部，但它的规模太大，也有人把它单列。现存最早的类书出现在唐代，有《北堂书钞》《艺文类聚》《初学记》三部，每部都把天文学的内容排在首位；宋代的《太平御览》（一千卷）也是如此；1978年决定出版《中国大百科全书》时，也是《天文学》卷先出。现存类书最大者为清代编的《古今图书集成》，全书共一万卷，分六编，三十二典，第一编即“历象”，包括《乾象典》一百卷、《岁功典》一百一十六卷、《历法典》一百四十卷、《庶征典》一百八十八卷，囊括了历代的天文学资料，使人查找起来极为方便。

丛书编印各种单独著作而冠以总名，开始于南宋。原来放在子部杂家类，后来因刊刻收入太多，又单独划出，另列一“丛部”。丛部内各子目又按经、史、子、集分，如《四部备要》《四部丛刊》。商务印书馆出版的《丛书集成》，收进丛书一百部，书四千多种，许多天文书，如《乙巳占》《新仪象法要》《晓庵新法》等均在其中，清末刘铎曾拟编刊《古今算学丛书》，这部丛书包括数学、天文学、物理学、化学、工艺等书，但是刻印成书的只有数学部分。

二、在自然科学各学科中，天文学具有特殊的地位

现在让我们从学科分类的角度来看一看天文学在中国传统文化中的地位。

在中国传统文化中，最发达的学科是文、史、哲，属于自然科学的有农、医、天、算四门。在这四门自然科学中，天文学又具有一种特殊的地位。古代中国人出于将宇宙万物看作不可分割的整体的有机自然观，认为所有事物是统一的，彼此可以感应，天人之间也是如此，天与人的关系并不单纯是天作用于人，人只能听天由命；人的行为，特别是帝王的行为或政治措施也会作用于天。皇帝受命于天来教养和统治人民，他若违背了天的意志，天就要通过奇异现象来提出警告；皇帝如再执迷不悟，天就要降更大的灾祸，甚至另行安排代理人。这样，天就具有自然和人格神的双重意义，天文观测，特别是奇异天象的观测，就不单纯是了解自然，还具有更重要的政治目的，天文工作也就成为政府工作的一部分了。大约在公元前两千年，就有了天文台的设置；到秦始皇的时候，皇家天文台的工作人员就有三百多。中国皇家天文台不但规模宏大，而且持续时间之久，也是举世无双。正如日本学者薮内清所说，在欧洲，国立天文台17世纪末才出现。在伊斯兰世界，没有一座天文台的存在超过三百年，它常常是随着一个统治者的去世而衰落。唯独在中国，皇家天文台存在了几千年，不因改朝换代而中断。不仅如此，皇家天文台的观测仪器，做得那样庞大和精美，也不单纯是为了提高观测的精确度，而是当作一种祭天的礼器来看待的；北京古观象台的那些仪器就都收印在《皇朝礼器图式》中。

天文学在中国传统文化中的这一独特地位，被16世纪末由意大利来华传教的利玛窦一眼看穿，他说："如果不看到天文学在远东过分地具有社会的重要性和哲理的高深性，那就要犯错误。"[①]天文学在中国人心目中的特殊地位，一直持续到清末未变；这可用曾国藩的话来证明。曾国藩晚年在给他儿子曾纪泽的信中表示，自己"生平有三耻"，第一耻就是"学问各途，皆略涉其涯矣，独天文算学，毫无所知，虽恒星五纬，亦不识认"，殷殷叮嘱，"尔若为克家之子，当思雪此三耻，推步算学，纵难通晓，恒星五纬，观认尚易……三者皆足弥吾之缺憾矣"[②]。

天文算学在中国古代总是相提并论，具有不可分割的联系。居于"算经十书"之首的《周髀算经》实际上是一部天文学著作，其余的几部中也有天文学内容；清末阮元（1764—1849）编《畴人传》也是将天文学家和数学家列在一起；事实上，许多人既是天文学家，也是数学家。中国数学的许多进展都体现在历法计算中，关于这一问题，1987年王渝生的博士论文《关于中国古代历法计算中的数学方法》论之甚详。这里需要特别指出的是：中国古代由于几何学不发达，在平面几何中没有引进角度概念，在直角三角形中只有线段与线段的计算关系，没有边与角的计算关系，因而关于行星位置的计算是用内插法，这与导源于希腊的西方天文学迥然不同。希腊由于几何学发达，预告行星的位置是用几何模型的方法：通过观测建立模型，使模型可以解释已知的观测资料，然后用该模型计算已知天体的未来位置并以新的观测检验之，如不合则修改模型，如此反复不已，以求完善。哥

① H. Bernard. Matteo Ricci's Scientific Contribution to China [M]. Beijing: H. Vetch, 1935: 54.

② 钟叔河．曾国藩教子书 [M]．长沙：岳麓书社，1986: 12.

白尼和托勒密在日心地动问题上虽然针锋相对，立场截然相反，但所用方法则一，其后第谷（Tycho Brahe）、开普勒也都用的是同一方法。几何模型方法有助于人们思考和探索宇宙的物理图像及其运动的物理机制，而从中国传统文化中的代数学方法很难产生哥白尼的日心地动体系和开普勒的行星运动三大定律。

农业生产对自然环境有极大的依赖性，俗话说：靠天吃饭。我们的祖先对人力、自然环境与农业生产的关系认识得很早，在春秋战国时期就形成了系统的看法，即"天时、地宜、人力"观。《吕氏春秋·审时》说："夫稼，为之者人也，生之者地也，养之者天也。"《齐民要术·种谷》说："顺天时，量地利，则用力少而成功多，任情返（反）道，劳而无获。"所谓天时，即气候。气候的变化直接依赖于地球绕太阳公转位置的变化，即太阳在天空中视位置的变化，在北半球，冬至时，日行最南，中午日影最长；夏至时，日行最北，中午日影最短。把日影最长的时刻（冬至）固定在十一月份，从冬至到冬至再分为二十四段，就得到二十四个节气。这二十四节气大体上就反映出一年当中气温和雨量的变化，给农业生产以告示。像"清明下种，谷雨插秧"这类谚语至今还流行于民间。为了建立二十四节气系统，并使之精确化，中国古代形成了一整套的历法工作，经久不衰，构成了中国传统天文学的一个特点。《夏小正》《礼记·月令》《吕氏春秋》十二纪、《淮南子·时则训》，这些既是农业科学方面的著作，又是天文学方面的著作。

今天看来，天文学和医学似乎没有关系，但在古代并非如此。中世纪阿拉伯的医生在看病之前先要看天象，因此医学家就必须懂得一些天文学知识。在中国西藏，直到今天，天文和医学还是合设在一个机构中。奠定中医理论基础的《黄帝内经》就含有丰富的天文学内容，宋代沈括（1031—1095）在《浑仪议》中说："臣尝读黄帝《素问》：'立于午而面子，立于子而面午，至于自卯而望酉，自酉而望卯，皆曰北面。立于卯而负酉，立于酉而负卯，至于自午而望南，自子而望北，则皆曰南面。'臣始不谕其理，逮今思之，乃常以天中为北也。常以天中为北，则盖以极星常居天中也。《素问》尤为善言天者。"沈括所引这一段材料非常重要，说明了北极和天顶重合（即人在北极之下）时的现象，可以作为中国有地圆思想的一个例证，但今本《黄帝内经·素问》中找不到这段精彩的话了，可能已经散失。关于《黄帝内经》中的天文学知识，卢央有一篇文章详细介绍，从宇宙理论、日月运动到行星颜色变化，都有涉及①。《黄帝内经》强调"人以天地之气生，四时之法成"，特别注意气候变化对人体的影响，而决定气候变化的主要因素是太阳的视运动，因而天文学和医学就结下了不解之缘。

清幽的月光，闪烁的繁星，光芒万丈的太阳，这些天文学家研究的对象，同时也受到文学艺术创作者的偏爱。我国天文学家戴文赛曾经打算把中国古典文学作品中有关天文的内容辑录成书，题名"星月文学"出版，可惜他生前没有完成这项夙愿。何丙郁先生前些年在台北讲"科技史与文学"，也提到一些，这里略作补充。屈原《离骚》开头第二句"摄提贞于孟陬兮，惟庚寅吾以降"，就牵涉天文学内容。晋朝张华诗中的"大仪斡运，天回地游"，既包含了宇宙万物都在不断地运动变化，也包含着地动思想。李白有很多诗提到月亮。"床前明月光，疑是地上霜。举头望明月，低头思故乡。""明月出天山，苍茫云海间。长风几万里，吹度玉门关。"这些家喻户晓的诗篇，成了

① 卢央.《黄帝内经》中的天文历法[G]// 中国天文学史整理研究小组. 科技史文集（十）. 上海：上海科技出版社，1983：137-150.

中国人民的一份宝贵的精神财富。杜甫有一首专写银河的诗:“常时任显晦,秋至最分明。纵被微云掩,终能永夜清。”宋代苏东坡有一首《夜行观星》的诗:“天高夜气严,列宿森就位。大星光相射,小星闹若沸。”到了宋元时期,出现了专门描写天文机构和天文仪器的文学作品。北宋刘弇的《龙云集》有一篇《太史箴并序》,描写苏颂水运仪象台的运转情况。元代杨桓的《太史院铭》和《玲珑仪铭》等是研究元代天文学史的必读文献。明清之际西方天文学传入中国以后,对清代考据学的形成具有决定性的影响。梁启超说,治科学能使人虚心,能使人静气,能使人忍耐努力,能使人忠实不欺。又说,历算学所以能给好影响于清学全部者,亦即在此。胡适也认为,考据学方法系当时学者受西洋天算学的影响而起。王力说得更明确:明末西欧天文学已经传入中国,江永、戴震都学过西欧天文学。一个人养成了科学头脑,一理通,百理融,研究起小学来,也就比前人高一等。于是他主张学中国文学的人,应该学天文学,在他主编的《古代汉语》中天文学知识占了大量篇幅。

天文学和历史学的关系更加密切。研究一个历史事件,首先要确定它发生的时间,对古代史来说,有时就很困难,经常需要借助天文学的方法来解决,所以年代学既是天文历法的一个分支,又是历史学的一门基础课。例如,武王伐纣发生在哪一年?众说纷纭,莫衷一是,最早的可早到公元前1122年(汉代刘歆),最晚的可迟到公元前1027年(今人陈梦家),发生年代相差九十五年。1978年张钰哲利用哈雷彗星轨道的演变定为公元前1057年,属于中期说。[①] 又如,西周自武王至厉王共十个王,每个王在位多少年,都没有定论。1980年葛

---

① 张钰哲. 哈雷彗星的轨道演变的趋势和它的古代历史 [J]. 天文学报,1978,19(1):109-118.

真发表《用日食、月相来研究西周的年代学》一文，其中曾引用《竹书纪年》中“（懿王）元年……天再旦于郑”的记载，认为“再旦”是黎明时日带食而出的一种现象，“郑”在今陕西凤翔到扶风一带，从而利用奥波尔子《日月食典》算出这可能是公元前925年或公元前899年发生的日环食。[①]彭瓞钧等利用计算机进行分析，结果表明，它只能是属于公元前899年4月21日的日环食。[②]这样一来，周懿王元年即为公元前899年，从而为解决西周的年代问题提供了一个准确的点。

西周共和元年（公元前841年）以后，有了连续的纪年，历史事件发生的年代不再成为大的问题，但发生在何月何日，对于春秋战国时期来说仍有问题。《春秋》开头第一句是：鲁隐公“元年（公元前722年）春王正月”。宋代朱熹认为这就是一个千古不解的疑难。《左传》的解释是“春王周正月”，按周应含冬至，即今公历的12月21日前后的月份为正月，这正是最冷的时候，怎么能叫作“春”？要么是孔子以“行夏之时”为理想，将夏历的春冠在周之正月上了。再加上春秋时期如何安排大小月和闰月都不大清楚，同一事件，《左传》所记月份有时与《春秋》又不一致，而史学界长期以来得不到一致的意见，因而就有一系列问题需要研究。汉太初元年（公元前104年）以后，历法有了明确的记载，但根据历法所推算出来的历本保存下来的不多。清末汪曰桢（1813—1881）把清中叶以前每年每月的朔日和节气的干支及闰月按历代实行的历法逐一推算出来，名曰《长术》，因为篇幅太大，出版时缩编为《长术辑要》。在此基础上陈垣编出

① 葛真．用日食、月相来研究西周年代学 [J]．贵州工学院学报，1980（2）：81-100.

② Kevin D. Pang et a1.. Computer Analysis of Some Ancient Chinese Sunrise Eelipse Records to Determine the Earth’s Past Rotation Rate [J]. Vistas in Astronomy, 1988 (31).

《二十史朔闰表》和《中西回史日历》，成为史学界必备的工具书，其作用有口皆碑。

1975 年郑文光和我合写《中国历史上的宇宙理论》，严敦杰先生看了以后提出一个问题：为什么中国历史上研究宇宙论的和研究历法的是两套人马？我的回答是：历法实用性强，技术性强，研究历法的人不一定关心天是什么，而哲学家必须回答这个问题。天是物质的，还是精神的；是没有意志的自然界，还是有目的的上帝，是哲学家长期关心和争论的问题。例如董仲舒认为天是有意志的。他说："春气暖者，天之所以爱而生之；秋气清者，天之所以严而成之；夏气温者，天之所以乐而养之；冬气寒者，天之所以哀而藏之。"稍后的王充则针锋相对地说："春观万物之生，秋观其成，天地为之乎？物自然也。如谓天地为之，为之宜用手。天地安得万万千千手，并为万万千千物乎？"董仲舒和王充的说法都有片面性。董仲舒把春夏秋冬说成是天的情绪造成的，这固然不对；但王充的批驳也是拟人化的，且过于简单。事实上，万物生长靠太阳，与天还是有关系的。

古代哲学家关心的第二个问题是天人相与还是天人相分，是听天由命还是人定胜天。天人相与是星占术的基础，听天由命的思想子夏表达得最清楚："死生有命，富贵在天。"天人相分和人定胜天的思想，以荀况为代表。《荀子·天论》开头第一句就是："天行有常，不为尧存，不为桀亡。"接着又说："强本而节用，则天不能贫；养备而动时，则天不能病；循道而不贰，则天不能祸。……故明于天人之分，则可谓至人矣。"

与天文学发展有密切关系的是古代哲学家经常讨论的第三个问题：宇宙本原是什么？在中国是元气说占优势。《管子·内业》有"凡物之精，化则为生。下生五谷，上为列星；流于天地之间，谓之鬼神；

藏于胸中，谓之圣人。是故此气。杲乎如登于天，杳乎如入于渊，淖乎如在于海，卒乎如在于己。”这段话的前半部分是说，物的精气，结合起来就能生出万物。后半部分是解释气的性质：有时是光明照耀，好像升在天上；有时是隐而不见，好像没入深渊；有时是滋润柔和，好像在海里；有时是高不可攀，好像在山上。它可以小到看不见、摸不着，但可以在任何地方存在，也可以转化成各种有形的具体的东西。这个元气本体论，应用到宇宙论的各个方面，形成了中国天文学的又一特色，如《淮南子·天文训》用来解释天地的起源和演化问题，《黄帝内经·素问》用来解释大地不坠不陷问题，宣夜说用来解释天体运行问题。

与天文学发展关系密切的第四个哲学问题是阴阳五行思想。这个题目显而易见，但是至今还没有人做过系统的、深入的研究。当然还有第五、第六……总之，中国虽然没有像古希腊柏拉图那样，明确提出“任何一种哲学要具有普遍性，必须包括一个关于宇宙性质的学说在内”，但中国的哲学家还都是很关心天文问题的，有过不少议论，中国古代天文学的发展也深深地打上了中国传统哲学的烙印。

三、天文学渗透到各种文化领域影响极广

文化不仅仅是写在书本上的东西，还渗透在人们的生活方式、思想意识和风俗习惯中，凝聚在人工物质中。从这方面来看，天文学在中国传统文化中也极具重要性。

人们最简单的生活方式就是“日出而作，日落而息”，由太阳在天空的视运动来规定作息时间。再精密一点，就要把一昼夜分为若干段，确定每段时间内干什么。中国古代分一昼夜为十二辰，又分为

一百刻。十二辰用子、丑、寅、卯等十二支来代表。每一辰又分前后两段，前段叫“初”，后段叫“正”。子初相当于现在的夜晚十一时，子正相当于夜晚十二时。怎样测定这些时刻（“测时”），测定出来以后又如何用仪器表示出来（“守时”），又如何告诉各阶层人士（“报时”），这就形成了一整套的天文工作；在有了无线电以后，又加上了第四步“收时”：接收别人的报时信号来核校自己的测时结果。中国古代的圭表和浑仪都具有测时功能，漏壶则是守时仪器，而各个城市报时的钟楼、鼓楼则是天文工作者联系人民群众的纽带；“应卯”“吃午饭”等这些常用语汇都和天文学有关。

在一天里，按时辰来安排作息，“几点钟？”“什么时间？”已经成了人们的口头禅，每天不知要说多少遍。但光有这个还不够，日积月累，长时间的生产和生活安排就需要历法。世界上没有哪一个民族是没有历法的。中国历法具有两个特殊性：一是科学内容多，除一般的历日计算和安排外，还包括日月食和行星位置的计算，以及恒星观测等，具有现代天文年历的基本内容；二是迷信内容多，在通行的民用历书中，包括大量迷信的“历注”。打开一本黄历，开头是几龙（辰）治水，几人分丙，几日得辛，几牛（丑）耕田，太岁及诸神所在，年九宫等迷信内容，过了几页才是历书的正文。正文分月逐日排列，每月开头也还有一些迷信内容，每日下面列有宜忌事项，从举官赴任、阅武练兵、建室修屋、丧葬嫁娶，到理发、洗澡、剪手脚指（趾）甲，哪一天可以做，哪一天不可以做，都规定得清清楚楚。凡人每天做什么事情，都得先查看历书，而皇室天文学家的首要任务就是每年编这样一本科学和迷信相结合的生活指南。关于历书中的各种宜忌事项，王充在《论衡·讥日》中就做过专门批判，但收效甚微，直至1911年辛亥革命以后才彻底废除。

在民用历书中，除了与太阳视位置有关的二十四节气外，还有几个传统节日和几个杂节，它们大多数也和天文有关。（1）春节，原来就是二十四节气中的立春，1912 年以后才固定到夏历正月初一，这一天象征着春回大地，万象更新，天增岁月人增寿。（2）五月五日端阳节，表示阳气始盛，天气变热。（3）七月七日乞巧节，也叫女儿节，妇女们在这天晚上用瓜果祭祀织女星，穿针乞巧。（4）八月十五中秋节，家家户户祭月、赏月、吃月饼。

所谓杂节是指伏、九、梅、腊。三伏包括初伏、中伏和末伏，是一年中最热的季节。从夏至开始，依照干支纪日的排列，第三个庚日起为初伏，第二个庚日起为中伏，立秋后第一个庚日起为末伏。九九是一年中最冷的季节，从冬至日算起，每九天为一个九，共九九八十一天。“热在三伏，冷在三九。”梅表示南方的黄梅天，此时阴雨连绵，空气湿度很大，物品容易发霉，据《荆楚岁时记》记载，芒种后壬日入梅，夏至后庚日出梅。但各地略有不同。腊本是岁终祭神的一种祭祀名称，选择在冬至后某一日举行，各个时代有所不同，今取《荆楚岁时记》中的记载，固定在十二月八日，大家吃腊八粥。

中国人批评一个人自高自大是“不知天高地厚”，这典故出自《诗经 · 小雅 · 正月》。诗中有“谓天盖高，不敢不局；谓地盖厚，不敢不蹐”，是利用盖天说劝人做事要小心谨慎。在儒家经典中，利用天文现象来进行政治、道德说教的材料，为数很多。例如，《论语 · 为政》开头第一句就是：“子曰：为政以德，譬如北辰，居其所而众星共（拱）之。”又如，《论语 · 子张》有：“君子之过也，如日月之食焉。过也，人皆见之；更也，人皆仰之。”有过能改，等于无过，这也成了中国道德观念的一个组成部分。

盖天说不但被用来劝人小心谨慎，而且用来劝人安分守已。《周易·系辞》说："天尊地卑，乾坤定矣；卑高以陈，贵贱位矣。"这就是说人的社会地位是命定的，永世不能改变，只有"知足者常乐，能忍者自安"。

盖天说既然能对维系社会秩序和塑造人生观起作用，那么当它与实践发生矛盾时，就有人对它进行修正以适应新的形势。单居离问孔子的弟子曾参："天圆而地方者，诚有之乎？"曾子回答说："天之所生上首，地之所生下首，上首之谓圆，下首之谓方，如诚天圆而地方，则是四角之不掩也。"——半球形的天穹和方形的大地，怎么能够吻合呢？曾参进一步解释说："夫子曰：天道曰圆，地道曰方。"这里加了一个道字，就把问题的性质改变了，不仅仅是讨论宇宙结构，而是在论道。再加上后来《吕氏春秋》一发挥，说"天道圆，地道方，圣王法之，所以立上下"。这样一来，尽管后来在天文学领域浑天说取代了盖天说，但在统治者的心目中，还要显示天圆地方，甚至在制造浑天说的代表仪器——浑象的时候，也要用方形的柜子象征大地。此外，铜钱外圆内方，筷子一头圆一头方，北京天坛圆、地坛方，这些都是"天道圆，地道方"的象征性模型。

天文学影响于建筑的，绝不仅仅是天坛和地坛的形状。在六千年前遗留下来的西安半坡村遗址中，有比较完整的房屋遗址四十六座，它们的门都是朝南的。这说明当时已经掌握了辨认方向的方法，而且知道盖房朝南采光条件最好。而辨别方向只有观看北极星，或者利用最原始的天文仪器——圭表。《考工记·匠人》里说得很清楚，首先是平地，然后在地上立一竿子，并悬挂重物使竿子与地面垂直，再以竿子为中心在地上画圆，然后白天看日影、晚上看北极星来测方向。所以古代进行建筑施工的第一步，就离不开天文学。对于施工的季节，天文学上也有所反映。现在的飞马座 α、β、γ 三颗星和仙女座

α 星所组成的正方形，中国最早叫营室，后来又分成室、壁二宿。《国语·周语》襄公引《夏令》曰："营室之中，土功其始。"这就是说，立冬前后初昏，营室出现于正南方天空时，农忙已经过去，可以营室盖屋了。至于哪一天动工，哪一天上梁，这在后来又要查看黄历了。

天文学还影响到城市的布局。北京城南有天坛，城北有地坛，城东有日坛，城西有月坛。唐代的长安城，宫城分三部分，象征天上的三垣：皇城的南门叫朱雀门，北门叫玄武门。前朱雀而后玄武，左青龙而右白虎。这个四象又是和天上的二十八宿相配的。根据 1978 年湖北隋县曾侯乙墓出土的一个漆箱盖子上的图画，知道至迟在公元前 5 世纪已把两者配合起来了。至于哪个出现得最早，历来意见不一致。1987 年在河南濮阳的一个仰韶文化遗址中，发现一个成年男性骨架的左右两侧，有用贝壳摆塑的龙虎图像，后用碳十四测定，断定是八千年前的遗物，从而把四象的起源往前推了约六千年，使得我们对许多问题得以重新认识。[①②]

这四象又渗透到许多文化器物领域。西安西汉建筑遗址出土的瓦当，在直径不到 20 厘米的圆瓦上，塑造有昂首修尾的苍龙、衔珠傲立的朱雀、张牙舞爪的白虎、龟蛇相缠的玄武，个个布局均匀、造型生动、线条简洁，既有天文含义，又是一种建筑装饰。在汉唐时期的铜镜上，有的刻四象，如汉代日利镜、隋代仙山镜、唐代四神镜。有的既刻四象，又刻二十八宿，如现在保存在天津艺术博物馆、湖南省博物馆和美国自然历史博物馆的唐代二十八宿镜，自内往外数第一圈为四象，第二圈为十二生肖，第三圈为八卦，第四圈为二十八宿，第

① 濮阳市文物管理委员会，等．濮阳西水坡遗址发掘简报 [J]．华夏考古，1988（1）：114．

② 冯时．河南濮阳西水坡四十五号墓的天文学研究 [J]．文物，1990（3）：57-59．

五圈（最外）为铭文。

据《礼记·曲礼》载，古代行军的时候，前面一队的旗上画朱雀，后面一队的旗上画玄武（龟蛇），左面一队旗上画青龙，右面一队旗上画白虎，中间一队旗上画北斗星。龟有甲，蛇有毒，鸟能飞，龙腾虎跃，此五兽配合作战，将守必固，攻必克。这也是一种实用心理学，用这些图像来鼓舞士气，使他们能像龙虎一样，奋勇作战。这种办法后来愈演愈烈。明代何汝宾的《兵录》里还列出二十八宿的神名，将各宿的图像画在旗上，凡出兵，即以此旗领军。

在迷信盛行的时代，天文学和军事的关系，远不止打旗布阵这一点，更重要的是进行军事行动以前，先要仰观天象，进行占卜。《三国演义》里就有许多夜观天象的故事，诸葛亮上通天文，下知地理，成了民间广为流行的传说。刘朝阳就《史记·天官书》里的材料做过一番统计，发现在全部 309 条占文中，关于用兵的有 124 条，占了三分之一以上。[①] 其他的天文星占著作中，所占比例大体上也差不多。

天文学不但和人生、人生观有关系，而且和人死、人死观也有关系。人死了希望能上天，因此就要在墓室的顶棚上、在墓志铭的周围、在棺材的盖子上画星图，在墓中放与天文有关的东西。在中国社会科学院考古研究所编著的《中国古代天文文物图集》中，共收天文文物 63 件，其中星图占 25 件。在这 25 幅星图中，刻绘在墓里面的又有 15 件，占总数的五分之三，时间分布从西汉到辽代。此外，近年来，在墓中出土的还有湖南长沙马王堆帛书《五星占》和《彗星图》、安徽阜阳汉代漆制圆仪、山东临沂元光历谱、内蒙古鄂尔多斯西汉漏壶，一桩桩、一件件为中国的文化考古增添了不少光彩，为世界天文

① 刘朝阳．史记天官书之研究 [J]．国立中山大学语言历史学研究所周刊，第七集，第 73 和 74 期合刊，1929: 1−60．

学史谱写了新篇章。

总之，天文学是中国传统文化的一个重要组成部分，它渗透到其他各个文化领域，许多文化现象也影响到它的发展，要把它们之间的相互关系研究透彻和刻画清楚，恐怕得写一本大书；本讲只能算是一个初探，抛砖引玉，希望能有人写出更全面、更系统的成果来。

[本文系作者 1988 年 8 月在美国圣迭戈加州大学（UCSD）召开的第五届国际中国科学史讨论会上的报告。]

八论

中国古代天文学的社会功能

天文学现在属于基础科学，也是一门纯科学。但是一门科学发展的早期阶段和后期阶段，往往有所不同，正如库恩所指出的：“一门新学科发展的早期，专业人员集中在主要是由社会需要和社会价值所决定的那些问题上。在此时期，他们解决问题时所展示的概念受到当时的常识、流行哲学传统或当时最权威的科学的制约。”[①] 在中国，天文学是随着农业生产和星占两种需要而诞生的，诞生以后又受中国社会条件和传统文化的制约，走了一条和希腊天文学很不相同的道路。

希腊天文学从毕达哥拉斯学派开始，即企图建立一个宇宙模型，柏拉图更进一步提出：任何一种哲学要具有普遍性，必须包括一个关于宇宙性质的学说在内。但是在这样做的时候，柏拉图并不想鼓励人们去观察天象，相反地，他只企图使天文学成为数学的一个分支。他说：“天文学和几何学一样，可以靠提出问题和解决问题来研究，不必

① 托马斯·S. 库恩. 必要的张力 [M]. 纪树立，等译. 福州：福建人民出版社，1981：117.

去管天上的星界。”[①] 尽管后来的天文学家还是要从天象观测中寻找资料来进行计算、验证和改进他们的宇宙模型，但这条思想路线却决定了欧洲天文学的唯理性。与此相反，自然科学在中国传统哲学中不受重视。[②] 中国的先哲们要求于天文学的只是“观乎天文，以察时变”和“历象日月星辰，敬授人时”。至于宇宙性质怎样，日月星辰为何东升西落，则“以天道渊微，非人力所能窥测，故但言其所当然，而不复强求其所以然”[③]。这条思想路线决定了中国天文学的实用性。

另一方面，欧洲从公元前 1 世纪中叶尤利乌斯 · 恺撒（Julius Caesar）主持改历以后，实行一种纯阳历（现行公历就是在它的基础上演变而来的），只求回归年数值的准确，不求日、月的配合问题，与月亮的运动不发生关系，更不管其他的天文现象，所以历法在西方天文学中所占的比重很小。而中国从公元前 14 世纪殷墟甲骨文开始，已有了阴阳历的雏形；从汉代开始，历法更包括日月食计算、行星、恒星观测等，具有了现在天文年历（Almanac）的基本内容。所以中国天文学的发展又是通过历法这个应用形式而进行的，是一门应用科学。

与巴比伦、古希腊不同，中国阴阳历的特点是：（1）把日、月位于同一经度的时刻（合朔）作为一月的开始；（2）把冬至点作为量度太阳视位置的起点；（3）把太阳在冬至点的时刻固定在十一月份，从冬至到冬至再分为二十四个节气。二十四节气的名称和季节（如“立春”）、气温（如“大暑”）、降水（如“小雪”）等有关的就有二十个，

① 转引自斯蒂芬 · F. 梅森．自然科学史 [M]．上海外国自然科学哲学著作编译组，译．上海：上海人民出版社，1977: 26．

② 叶晓青．论科学技术在中国传统哲学中的地位 [G]// 杜石然．第三届国际中国科学史讨论会论文集．北京：科学出版社，1989．

③ 阮元．畴人传：下册 [M]．上海：上海商务印书馆，1935: 610．

它直接表示寒来暑往的变化，给安排农业生产以极大的方便，像“清明下种，谷雨插秧”这类的谚语至今还流行于民间。

二十四节气直接依赖于太阳在天空中视位置的变化，属于阳历的范畴，要把它和朔望月的关系固定下来，就得安置闰月，于是“气”“朔”“闰”就成了中国历法中的三个基本要素。《史记·历书》中有“周襄王二十六年（公元前626年）闰三月，而《春秋》非之。先王之正时也，履端于始，举正于中，归邪于终。履端于始，序则不愆；举正于中，民则不惑；归邪于终，事则不悖。”这段话虽然是保守的，它反对把年终置闰改为可以在任意月份置闰，但充分反映了儒家对这三个要素的重视程度。中国天文学就围绕着这三个要素精益求精地往前进。气可以通过立竿验影的办法来测量，日影在中午的长度，夏至时最短，冬至时最长。合朔时月亮是看不见的，只有发生日食才能证明它和太阳同经又同纬，于是日食的观测和计算就成了历法工作不可分割的部分。为了提高预报气、朔、闰和日食的准确性，就得在计算方法上进行改进，于是有调日法、内插法、一次同余式等的发明；为了提高观测的精确度，就得在观测仪器和观测方法上下功夫；而两者又是相辅相成的。据陈美东最近的研究[①]，中国历法由粗到精的大致轮廓可以列表如下：

表4　中国历法的大致轮廓

时代	气差	朔差	食时差	食分差	行星位置差
两汉	3—2日	1日	1日		8度#
南北朝	2—0.2日		15—4刻		8—4度
隋唐	20—10刻*		4—2刻	2—1分**	4—2度
宋元	10—1刻		2—0.5刻	1—0.5分	2—0.5度

*1 刻 $=14^{m}.4$　　**1 分 $=\frac{1}{10}\mathrm{d}\odot$　　#1 度 $=0^{\circ}.9856$

① 陈美东．观测实践与我国古代历法的演进 [J]．历史研究，1983（4）：85-97．

中国的历法工作，一方面服务于农业生产和人民的日常生活，一方面又是上层建筑的一部分。颁布历法是统治权力的象征，为皇家所掌握。一个地区、一个民族奉行谁家颁布的朔闰，就表示拥护谁家的统治，正如《史记·历书》所说："王者易姓受命，必慎始初，改正朔，易服色，推本天元，顺承厥意。"幽王、厉王以后，周室衰微，君不颁朔，因而尊奉周正朔的鲁国历法也不准确，鲁文公六年（公元前 621 年）闰月不告朔，《左传》批评说："闰月不告朔非礼也。闰以正时，时以作事，事以厚生，生民之道于是乎在矣。不告闰朔，弃时政也，何以为民？"春秋末期，孔子的学生子贡想免去告朔之饩羊，孔子反对，子曰："赐也，尔爱其羊，我爱其礼。"一直到 17 世纪，清政府任命传教士汤若望（1622 年来华）利用西洋方法编纂历书，因为在颁行的历本封面上印了"依西洋新法"五个字，就被杨光先于 1660 年控告为"窃正朔之权以予西洋"等罪，引起清廷震惊。清政府判汤若望死刑，正欲执行，北京忽然地震，天空又出现了彗星，根据中国的星占术，认为这是上天发出了警告，断案有错，皇家应该对罪犯减刑，于是就释放了汤若望和他的助手南怀仁（Ferdinand Verbiest，1623—1688，1658 年来华）等人。后来，南怀仁借机反攻，转败为胜，重新夺取钦天监的领导权，从此西方天文学开始在中国扎根。①

中国的星占术和巴比伦类似，属于司法性系统（Judical system），或者叫预警性系统（Portent system），而不是古希腊的那种算命系统（Horoscopic system）。② 中国也有算命的办法，但那只和出生的年、月、

① Xi Zezong. The Belglan Astronomer Who Was Saved by an Earthquake [N]. China Daily，1983-06-15.

② S. Nakayama. Characteristics of Chinese Astrology [J]. ISIS，1966，57（4）：442-454.

日、时的干支有关，即所谓测八字，和天文学本身已无多大联系。[①]中国预警性的星占术，是利用天象（特别是奇异天象）的观察来占卜国家大事，如年成的丰歉、战争的胜负、国家的兴亡、皇族或重要臣属的行动，等等。以《史记·天官书》为例，在全部309条占文中，关于用兵的124条，关于年成丰歉的49条，关于皇族和大臣行为的26条，这三项合起来共199条，占了总数的近三分之二[②]，无怪乎埃伯哈德（W. Eberhard）说：在中国，“天文学起了法典的作用，天文学家是天意的解释者”[③]。关于前者，如《史记·天官书》“其与太白俱出东方，皆赤而角，外国大败，中国胜；其与太白俱出西方，皆赤而角，外国利”。关于后者，可以以《汉书·五行志》中的一段记载为例。汉成帝建始三年十二月戊申朔日（公元前29年1月5日）日有食之，其夜未央宫中地震。皇帝问谷永，谷永对曰：“日食婺女九度，占在皇后。地震萧墙之内，咎在贵妾。……是月后、妾当有失节之邮（尤），故天因此两见其变。”皇帝再问杜钦，杜也说：“日以戊申食，时加未。戊、未，土也，中宫之部。其夜殿中地震，此必适（嫡）妾将有争宠相害而为患者。人事失于下，变象见于上。”

杜钦的这段话表明了中国的星占术不同于巴比伦，它的理论基础是阴阳五行说和天人感应论。阴阳五行说的目的是想要对自然界和人类社会现象绘出一幅总的图画，说明各个领域内过程之间的联系和各个领域之间的联系。按照阴阳说，日为阳，月为阴，日食是阴侵阳；

① Chao Weipang. The Chinese science of fate-calculation [J]. Folk-lore Studies，1946，5（4）: 280–283.

② 刘朝阳．史记天官书之研究 [J]．国立中山大学语言历史学研究所周刊，1929年，第7集第73，74期合刊：1–60.

③ W. Eberhard. The political function of astronomy and astronomers in Han China [G]// John K. Fairbank. Chinese Thought and Institutions. Chicago: University of Chicago Press, 1967: 37–70.

按照五行说，日名干支戊和已，配五方的中央部位，于五行属土。把这两方面结合起来，对上述建始三年十二月戊申朔日的日食，联系到人事方面，便认为有“后、妾失节之邮（尤）”。天人感应论认为：天与人的关系并不单纯是天作用于人，人的行为，特别是帝王的行为和政治措施也会反映于天。皇帝受命于天来教养和统治人民。他若违背了天的意志，天就要通过变异现象来提出警告，如若执迷不悟，天就要降下更大的灾祸，甚至另行安排代理人。这虽然是一种迷信，但在历史上却对皇帝起了制约作用，使他能做些好事，不至于无法无天。请看汉文帝为公元前 178 年的一次日食发表的诏书：

“朕闻之，天生民，为之置君以养治之。人主不德，布政不均，则天示之灾以戒不治。乃十一月晦，日有食之。适（谪）见于天，灾孰大焉？……朕下不能治育群生，上以累三光之明，其不德大矣！令至，其悉思朕之过失，及知见之所不及，丐（盖）以启告朕，及举贤良方正能直言极谏者，以匡朕之不逮。”（《汉书·文帝纪》）

举贤良方正这样一种选拔人才的制度，就是从这里开始的。既然天文现象与政治、经济、军事等国家大事有密切关系，天文工作自然也就受到重视，成为政府工作的一部分了。大约公元前两千年，就有了天文台的设置。[①] 到秦始皇的时候，宫廷中“候星气者至三百人，皆良士”。据《旧唐书·职官志》记载，当时司天台属秘书省管辖，由四部分构成：

编历：63 人；天象观测：147 人；守时（管理漏刻）：90 人；报时（典钟、典鼓）：200 人。

主持司天台的太史令为从五品，相当于局级，他管编历、天象观

① 中国天文学史整理研究小组．中国天文学史 [M]．北京：科学出版社出版，1981: 212.

测、守时、报时等工作，同时也负责培养这几方面的人才。司天台是一个科研、教学与服务相结合的机构。

在古代，为天文学家提供专职，并配备这样多的人员，是中国和受中国文化影响的日本、朝鲜所特有的现象。这一特点被意大利来华传教的利玛窦一眼看穿并用来传教。他不断地说：星占术被中国社会广泛应用，如果不看到天文学在远东过分地具有社会的重要性和哲理的高深性，那就要犯错误。[①]1605年5月12日，他在写回欧洲的信中说：

> "我紧急请求阁下办一件事，这件事我已提出很久，但至今渺无音讯，那就是从欧洲派一位精通天文学的神甫到中国来。在中国，皇帝耗费巨资，供养着二百多人从事每年历书的编算工作；但是这些人不学无术，……如果这位天文学家来到中国，我们可以先把天文书籍译成中文，然后就可以进行历法改革这件大事。做了这件事，我们的名誉可以日益增大，我们可以更容易地进入内地传教，我们可以更安稳地住在中国，我们可以享受更大的自由。"[②]

在利玛窦的请求下，一批精通天文学的传教士于1620年来到了中国，欧洲天文学和其他学科开始广泛地传入中国，形成了中国学术史上的一件大事，对此，梁启超给了很高的评价。[③]

中国皇家天文台不但规模庞大，而且持续时间之久，也是举世无双。与此相对照，在欧洲，国立天文台17世纪末才出现。在伊斯兰

---

① H. Bernard. Matteo Ricci's Scientific Contribution to China [M]. Beijing: H. Vetch, 1935: 54.

② 斐化行．中国的天文学问题 [J]．新北辰，1935（11）．

③ 梁启超．中国近三百年学术史 [M]．上海：上海中华书局，1936: 8–9.

世界，没有一座天文台的存在超过三百年，它常常是随着一个统治者的去世而衰落。唯独在中国，皇家天文台存在了几千年，不因改朝换代而中断。[①]

在中国，不但皇家天文台持续了几千年，而且天文记录也持续了几千年。“天文”一词原来的意义就是“预警星占学”。二十四史中以“天文志”命名的篇章绝大部分是记录奇异天象和与它相关联的政治事件。这批记录，抛除其星占部分，就成了一份宝贵的遗产，对当今的天文学研究还有重要的作用，目前已在超新星遗迹、太阳活动、地球自转等方面取得了一些成果。[②]

除了“天文志”以外，二十四史中还有“历志”，叙述计算日、月、五星运行的方法，预告日食、月食的方法，以及观测这些现象和恒星位置的方法，其中包含有丰富的数学、天文知识，以及历代天文学家的思想意识，是研究我国数学史和天文学史的必读文献。

综上所述，中国古代天文学是一门应用科学，它在政治、经济、军事、意识形态等各个领域都起着作用。正因如此，天文台便成了中央政府不可缺少的组成部分，主持天文台的首席天文学家便成了皇帝的顾问，具有很高的官衔。在这种情况下，他们便忙于编算历法和追求天象变化与人类（特别是皇帝）行为的相关度，而很少去关心隐藏在这些天象背后的物理规律。这一特点，使中国天文学能持续几千年，但也妨碍了它向近代天文学转变。

（本文为1986年祝贺钱临照先生八十寿辰而作。）

---

① 薮内清．中国科学的传统与特色 [J]．科学与哲学，1984（1）：60-87．

② Xi Zezong. The application of historical records to astrophysical problems [C]. Nanjing: Academia Sinica-Max Plank Society Workshop on High Energy Astrophysics，1982: 158-169.

九论

远东古代的天文记录在现代天文学中的应用

◎超新星遗迹

◎太阳活动周期

◎地球自转变慢

◎太阳系有无第十大行星

一、超新星遗迹

曾经担任美国原子能委员会主席和欧洲物理学会主席的著名科学家韦斯科夫说:“在人类历史上有两个 7 月 4 日值得永远纪念。一个是 1776 年 7 月 4 日，美利坚合众国的成立，一个是 1054 年 7 月 4 日，中日两国天文学家记录了金牛座超新星的爆发。”①1054 年 7 月 4 日是宋仁宗至和元年五月己丑。在马端临编的《文献通考》里有“宋仁宗至和元年五月己丑，客星出天关东南，可数寸，岁余消没”。1846 年法国毕奥把这段材料译成法文以后，即开始为欧洲天文学家所注意。1921 年瑞典伦德马克发表《疑似新星表》，把它列为第三十六项，并且指出它在蟹状星云附近。

顾名思义，星云是朦胧状的雾斑。1731 年英国天文爱好者贝维斯（John Bevis）用小型望远镜首先在金牛座里发现了这块雾斑。1844 年英国罗斯（W. P. Rosse）用他自制的大型反射望远镜观察到这个星云的纤维结构。他根据目视观察的印象，把它描绘成蟹

① 1972 年与中国科学院副院长吴有训的一次谈话。

钳状，因而命名为蟹状星云。1921 年美国邓肯（J. Duncan）对比两批相隔十二年的照片，确认该星云仍在膨胀。1928 年美国哈勃（E. Hubble）从膨胀的速度算出，膨胀应开始于九百年以前，这在时间上又与中国宋代的记载一致。1934 年日本天文爱好者射场保昭将藤原定家（1162—1241）的日记《明月记》中有关 1054 年天关客星的记载在美国杂志《大众天文》（*Popular Astronomy*）上发表以后，引起了欧美第一线天文学家的密切注意。1938 年伦德马克据《明月记》中客星“大如岁星”的记载，推断这颗客星很可能是超新星。1942 年荷兰天文学家奥尔特（J. H. Oort）联合该国汉学家戴文达（J. J. Duyvendak）共同研究，既证实了蟹状星云是 1054 年爆发的产物，又证实了这次爆发不是普通新星的爆发，而是一颗超新星的爆发。

超新星爆发是恒星演化过程中的一种突变现象。超新星爆发时，除了星的本身结构发生改变，向周围空间猛烈地抛射出大量物质——这些物质在膨胀过程中和星际物质互相作用，形成纤维状气体云和气壳——以外，还抛射出大量的带电粒子，这些粒子因得到星云中磁化纤维物质的能量而不断被加速。由于所获得的能量不同，有的发出光波，有的发出无线电波。射电望远镜出现以后，1949 年果然发现蟹状星云是个强烈的无线电辐射源，发射波长从 7.5 米到 3.2 厘米，越短越弱。有趣的是，如果把这个星云的射电强度的变化曲线和光强度变化曲线画在一张图上，两者正好衔接起来，后者是前者的继续，从而证实了上述电子同步加速理论的正确性。

金牛座蟹状星云和射电源对证起来以后，人们迫不及待地问，其他超新星爆发的位置上现在有没有射电源？现在有射电源的位置上从前有过超新星爆发吗？为了开展这两方面的研究，1955 年，笔者根据中国资料编了《古新星新表》，又于1965年与薄树人合作，将日本和朝鲜的资料合并进去，作为《中、朝、日三国古代的新星记录及其在射电天文学中的意义》一文的附录发表。这两个成果的发表，引起了美苏两国的极大重视，他们纷纷翻译出版。二十年来，世界各国在讨论超新星、射电源、脉冲体、中子星和X射线源、γ源等最新天文学研究对象时，引用过这两篇文章的文献，已在一千种以上。荷兰的帕伦博（G. C. C. Palumbo）、迈利（G. K. Miley）和意大利的卡姆波（P. Shiavo Campo）又利用荷兰莱顿天文台惠更斯实验室射电天文中心的威斯特波克（Westerbork）综合孔径射电望远镜，从我们1965年的文章中挑选了七个对象，在特定的区域内进行巡天观测，企图发现非热射电源，虽然没有得到结果，但是他们认为这项工作应当继续进行。

1967年年底英国休伊什（A. Hewish）在蟹状星云的中心又发现了一个周期极短而很稳定的射电脉冲体（后来证明也有相同周期的光学脉冲）。不久，人们普遍认为，这个脉冲体就是快速自转的、有强磁场的中子星。这一发现非常重要，休伊什已于1974年被授予诺贝尔物理学奖。1969年爱尔兰丹辛克天文台的华裔天文学家江涛论证，认为我编的《古新星新表》中有六条记录可能与脉冲体对证起来。

20世纪30年代即已提出的恒星演化理论认为，恒星能源枯竭以后，就要量变引起质变，至于如何质变，则决定于这颗星的质量：有的变成白矮星，有的变成中子星，有的变成黑洞。

现在，白矮星和中子星都已被观测所证实，正在寻找黑洞。孤立的黑洞难于观测，因此，只能着重于在双星体系中证认黑洞。科学家认为X射线源天鹅座X-1可能是一个黑洞。1978年李启斌提出，这个黑洞就是《明实录》中记载的“永乐六年（1408年）冬十月庚辰，夜中天，辇道东南有星如盏，黄色光润，出而不行”这条记录的遗迹。江涛于 1980 年补充说，日本于同年 7 月 14 日的记载，和《明实录》中的记载可能是同一件事，因而使这次爆发的可见日期长达 102 天，从而增强了李启斌这一推测的可能性。

1977 年英国斯蒂芬森（F. R. Stephenson）和克拉克（D. H. Clark）著《历史上的超新星》（*Historical Supernovae*）一书，以可见期大于六个月作为判据，论证了七个超新星，而资料主要来自中、日、朝三国，具体情况如下表：

表 5　七个超新星的资料

	出现年份	位置	可见期	记录者	射电源
1	185年	半人马座	20月	中国	13S6A
2	393年	天蝎座	8月	中国	
3	1006年	豺狼座	数年	中、日、欧、阿拉伯	MSHl4—415
4	1054年	金牛座	22月	中、日	3C144
5	1181年	仙后座	6月	中、日	
6	1572年	仙后座	18月	中、朝、欧	3C10
7	1604年	蛇夫座	12月	中、朝、欧	3C358

由此可见远东古代超新星记录在现代天文学中的作用。

二、太阳活动周期

古代远东的天文记录近年来在当代天文学中的另一应用是关于太阳活动周期的讨论。1843 年德国药剂师施瓦比（S. H. Schwabe）发现了太阳黑子活动的周期性。此后不久，沃尔夫（R. Wolf）于 1848 年引入了“黑子相对数”这一概念，并且利用望远镜观测积累下来的资料，推算出 1700 年以来的黑子相对数的年平均值，从而进一步证明了太阳黑子活动确实存在 11 年的周期性。

但是，就在施瓦比发现黑子活动周期性的同一年，另一位德国天文学家斯玻勒（F. W. G. Spörer）在研究黑子在日面上的纬度分布时发现：1645—1715 年的 70 年间，几乎没有黑子记录。1894 年英国孟德尔（E. W. Maunder）在总结斯玻勒的发现时，把这一时期称为太阳黑子活动的“延长极小期”，后来人们就把它简称为“孟德尔极小期”（Maunder minimum）。

20 世纪以来，11 年的周期，从各方面的观测（如地磁、极光、耀斑等）都得到了进一步的证实，孟德尔极小期的说法也就无人过问了。不料到 1976 年，美国高山天文台的艾迪（J. A. Eddy）又旧事重提。他连续发表四篇论文，从无黑子记录、极光出现频次减少、树木年轮中放射性碳十四反常增高 20%、孟德尔极小期中欧洲所见四次日全食（1652 年、1698 年、1706 年、1715 年）记载中找不到有关日冕结构的描述，论证不但有孟德尔极小期，甚至提出 11 年的周期只是近二百多年间的事，在过去可能就不存在。艾迪的说法，具有爆炸性，如果成立，则太阳物理学要全部重新建立。而要解决这个问题，只有从远东历史上找资料，因为在伽利略用望远镜发现黑子以前，在欧洲几乎没有黑子记录，而在东方则史不绝书。

为了回应艾迪的挑战，云南天文台从中国史书中整理出一百多条黑子记录，时间从公元前 28 年到公元 1638 年，都是肉眼可见的大黑子群，并通过自相关分析，得出 11 年周期是两千年来长期存在的结论。

1978 年北京天文台邹仪新又利用我国从公元前 165 年到公元 1884 年的黑子记录，并辅以极光记录，得出两千年中黑子活动的加权平均周期为 10.42 ± 0.19 年；而在孟德尔极小期前后也有八次黑子记录（包括期前期后各一次），它们是：1637.5 年、1647.4 年、1656.2 年、

1665.1年、1673.4年、1684.2年、1709.0年和1732.4年（在这里已将月、日化为年的小数）。由这八个数据，来求加权平均周期，得数为10.54±0.62年，和由两千年所求得的数据也相差不多，可见在孟德尔极小期内，11年周期也还是存在的。邹仪新还指出，在过去两千年中，除了孟德尔极小期外，太阳活动还有六次低潮期。

1979年南京徐振韬夫妇从中国地方志中查出，在孟德尔极小期内有六条黑子记录（1647年，1650年10月25日，1655年4月30日，1656年春，1665年2月20日，1684年3月16—18日），再辅以欧洲有望远镜观测的七条记录（1671年，1676年，1684年，1686年，1688年，1689年和1695年），做黑子出现频次列线图，清楚地看出：平均每隔10—11年黑子频次分布就出现一次最大值，最短的间隔7—8年，最长的间隔12—13年。这种分布特征正是太阳活动11年周期的典型表现。这又一次证明了在孟德尔极小期内，太阳活动11年周期的规律依旧存在。

顺便指出，神田茂于1932年在《东京天文台报》1卷1期上发表的《中、朝、日三国太阳黑子记录》中，在1639年到1720年没有一条材料，这是艾迪立论的主要根据之一。现在徐振韬夫妇为这一时期补充了十条材料，使艾迪的第一个论据完全失效，因而他们的文章在英国受到很大的重视，《泰晤士报》和《自然》均予以报道。

1980年自然科学史研究所戴念祖和陈美东又发表《中朝日历史上的北极光年表》和《历史上的北极光与太阳活动》，以929条材料，对艾迪的第二个论据做了全面的否定。他们通过中、朝、日三国的极光材料，得出从公元前217年到公元1749年，太阳活动有180个峰年，恰为11年一个周期。材料又说明，历史上太阳活动存在几个低潮期，1640年到1720年是其中的一个，但在这期间，11年周期也还存在，与前几个人从黑子记录所得结果一致。

1962年唐锡仁和薄树人在《地理学报》上发表《河北省明清时期干旱情况的分析》，得出连续干旱期倾向于太阳黑子极小年份附近，单独干旱年倾向于极大年份；在1500—1900年的四百年间，1669年以前有27—30年的周期，1726年以后有32—35年的周期，1669—1726年变化较大，看不出规律。当时他们二人不知道孟德尔极小期之说，现在知道这一段恰与孟德尔极小期相合。1980年刘金沂再将1669—1726年这一段取来分析，发现其中有五个干旱期，都与极小年相合；四个单独干旱年，一个正逢极大年，其余三个跟极大、极小年相差2—3年，倾向于极大年。这两条规律和前后几百年的规律是一致的，这又从另一个角度说明了在孟德尔极小期内，11年周期仍然存在。[①]

三、地球自转变慢

20世纪天体测量学的一项重要进展是，确认地球自转是不均匀的，除了不规则变化和周期变化外，还有长期变慢的现象，从而动摇了根据地球自转计量时间的传统观念。按照传统观念，时间的基本单位“秒”为地球自转一周（即一日）的$\frac{1}{24\times60\times60}$。1958年国际天文学联合会决定采用历书时，把“秒”的定义改为1900年1月0日12时正回归年长度的$\frac{1}{31556925.9747}$。“1900年1月0日12时正”即太阳几何平黄经为279° 41′48.04″时的瞬时，因为回归年的长度也是随时间变化的，所以要采用某一瞬时的回归年长度。历书时（ET）和

① 刘金沂，1980年10月在中国科学技术史学会成立大会上的报告。

日常用的世界时（UT）的关系为：

ET=UT+ΔT（ΔT 由观测月球的运动而决定）。

日食是月球运动的一种表现形式，当月亮运行到与太阳同经同纬时便发生日食。把古代日食观测记录应用于地球自转长期减速的研究，可以得到与现代观测同样精度的结论，甚至还可以发挥时间长的优势，得到现代观测所得不到的结论。1977 年斯蒂芬森和克拉克以《汉书·五行志》所载高后七年正月己丑晦日（公元前 181 年 3 月 4 日）的一次日全食为例，依推算食甚发生在东经 33.5°爱琴海附近，但实际发生在东经 108.5°的长安，相差 75°。这个见食地点和计算地点的差别，实际上是由时间差别引起的，观测用的是世界时，计算用的是历书时。按经度相差 15°，时间即差 1 小时计，75°即相差 5 小时。两千多年积累的 Δt=5 小时，则由于地球自转变慢，平均日长增加率就大于 2 毫秒 / 世纪。这比现在一般采用的 1.6 毫秒 / 世纪大。

问题在于，应用于地球自转长期减速研究的日食记录，必须：（1）要有确切的年月；（2）要有食分，最好是全食记录；（3）要有确切的观测地点。1980 年陕西天文台吴守贤将 60 年代以来四位西方天文学家［克罗特（D. R. Curott，1966）；牛顿（R. R. Newton，1970）；米勒和斯蒂芬森（P. M. Mullar and F. R. Stephenson，1975）］所用的东方日食记录予以考核，发现他们所用的观测记录除互相重复的以外，总共有 30 个。在这 30 个中，有十个不符合条件。例如克罗特所用三次日食，一次为《尚书·胤征》中的日食，两次为甲骨卜辞中的日食，时间、食分、地点都不能确定。又如牛顿所用 19 次中国日食记录，全都把观测地点定为开封，实际上开封仅是五代和北宋的首都，而 19 次日食全在公元五百年以前。既然所使用记录有三分之一靠不住，他们的研究结果当然就值得商榷。

1979 年北京天文台李致森用了从春秋到汉朝末年近一千年间史书上所载的中心食（包括全食和环食）记录，计算分析了 78 例日食，选用了其中 17 例来讨论地球自转减速速率的变化，所得结果为 1.7 毫秒 / 世纪，与过去的 1.6 毫秒 / 世纪相近。1980 年中国科学院自然科学史研究所陈久金提出了一个新的方法，即不用全食记录，而用有准确时刻记载的日食。他用从汉代到明末的 71 条日食记录中的 98 个食相观测，证实了前人总结出的地球自转长期减速的经验公式。[①]

1967 年有人提出用原子时（AT）作为时间的计量系统。在原子时系统中，把“秒”定义为铯（Cs^{133}）原子基态的两个超精细能级间在零磁场下跃迁辐射 9192631770 周所持续的时间。原子时的起点是 1958 年 1 月 1 日 0 时 0 分 0 秒（世界时），即规定在这一瞬间原子时与世界时重合。如果万有引力常数 G 不随时间变化，那么对于古代日食，按历书时算出来的应与原子时算出来的一致。但是，按照近年来的某些宇宙学理论，引力常数 G 随时间而变小，大约每年减小 1×10^{-10} 或 1×10^{-11}。如果这是真实的，则历书时和原子时的差值应表现出来。不过，有人分析中国古代的日食记录，和利用激光测月所得结果一致，认为 G 没有变化。这个问题还有待于进一步研究。

四、太阳系有无第十大行星

中、朝、日三国有大量的彗星记录，对于这些记录的分析和利用，具有重大价值。以前最受人关注的是哈雷彗星。1933 年朱文鑫在他的《天文考古录》里发表了他的研究结果：从公元前 240 年到

① 陈久金，1980 年 10 月在中国科学技术史学会成立大会上的报告。

公元 1910 年，啥雷彗星回归 29 次，每次中国都有详细记录。1972 年 4 月美国布拉迪（J. S. Brady）分析其中从公元 295 年到 1835 年的 21 次记录，发现其过近日点的时刻有五百年的周期变化，他认为这是由冥外行星的摄动引起的，并计算出这个未知行星的轨道要素（半长轴 59.94 天文单位，周期 464 年，轨道倾角 120°，偏心率 0.07）和目前所在的位置（仙后座），以及目视星等（13 或 14 等）。但英国格林尼治天文台和美国里克天文台均未发现这个被预告的新天体。于是美国哥德里希（P. Goldreich）和沃德（W. R. Ward）于同年 10 月又提出另一种解释，认为这是由彗核物质在过近日点时挥发散失所产生的反作用引起的。

与此同时，江涛也对中国的记录进行了重新审查，他推导出从 1222 年以来哈雷彗星过近日点日期的修正值。修正后的日期，有时与布拉迪据以推出第十大行星的数据有足够大的差别，从而从另一个方面否定了布拉迪的结论。不过，紫金山天文台张钰哲于 1978 年把太阳系内已知的九大行星对哈雷彗星的摄动统统考虑进去，又进行了一次细致的计算，把计算结果和历史资料进行对比以后，发现在时间上都有一定的差异。由此，他认为在离太阳 50 天文单位的距离上，或有一环总质量等于地球的彗星云，或有一未知的行星存在，还有待于观测来检验。

以上几个例子足以说明，历史上的东方文明并没有完全进入博物馆，它在现代科学的发展中仍有重要的作用。相比之下，西方科学家利用这份遗产倒比我们东方多。我们应该珍视这份宝贵的遗产，搜集、整理、研究、利用，对人类做出更多的贡献。

（原载席泽宗．远东古代的天文记录在现代天文学中的应用 [G]// 黄盛璋．亚洲文明论丛．成都：四川人民出版社，1986: 1–10.）

十论

竺可桢、钱临照对中国科学史事业的贡献

一、竺可桢对中国科学史事业的贡献

1. 对天文学史和气象学史的研究

我在中山大学念书的时候，历史系一位教授向我推荐："你知道竺可桢否？他是中国近代气象学的开山祖师，有一篇关于二十八宿起源的文章，可以说是世界第一，中外没有能超过的，你应该看一看。"当时因为我的兴趣是天体物理学，也没有找来这篇文章看。及至分配到中国科学院编译局（科学出版社的前身）工作，恰巧在竺可桢的引导下，我走上了天文学史的研究道路。我把《二十八宿起源之时代与地点》一文读之再三，而且多次听到他和钱宝琮先生就这篇文章所做的讨论，当时我做了一些计算。就这一问题，他先后发表了三篇文章[①]，有独到的研究，是他在天文学史方面的代表作，值得首先介绍。

中国古代将黄道、赤道附近的天空划分成二十八个区域，每个

---

① 竺可桢关于二十八宿的三篇文章是：（1）1944 年：《二十八宿起源之时代与地点》；（2）1947 年：《中国天文学中二十八宿的起源》（英文）；（3）1956 年：《二十八宿的起源》。

区域至少选两颗星来代表，其中一颗叫“距星”，这就是二十八宿或二十八舍。二十八宿从角宿开始，沿着月亮运行的方向，自西向东排列是：角、亢、氐、房、心、尾、箕，斗、牛、女、虚、危、室、壁，奎、娄、胃、昴、毕、觜、参，井、鬼、柳、星、张、翼、轸。二十八宿又按这个次序每七个构成一组，叫作“四象”，代表四方和四季，即：东方（春）苍龙，北方（冬）玄武（龟、蛇），西方（秋）白虎，南方（夏）朱雀（鸟）。二十八宿各宿所占的赤道广度很不相同，最大的井宿有 33 度，最小的觜宿只有 2 度。四陆所占的广度也很不相同，据《汉书 · 律历志》东方为 75 度，北方为 98 度，西方为 80 度，南方为 112 度（按古时分圆周为 $365\frac{1}{4}$度计）。

在中国以外，古代印度（包括现在的巴基斯坦和孟加拉国）、阿拉伯、伊朗、埃及等国，也有类似的二十八宿体系。这有一个起源和传播的问题。19 世纪欧洲人得悉这一情况以后，从 1840 年开始，便展开了一场激烈的论战。两位法国学者：19 世纪中叶的毕奥和 20 世纪初期的德莎素（Leopold de Saussure），还有荷兰的施莱格尔（G. Schlegel）主张起源于中国，施莱格尔为此于 1875 年出版了一本《星辰考原》，800 多页。德国学者韦伯（L. Weber）、英国学者金斯米尔（Kingsmill）和爱特金（Edkin）主张起源于巴比伦，而英国的白赖南（W. Brenand）和美国的伯吉斯（E. Burgess）与惠特尼（W. P. Whitney）却主张起源于印度。到了 20 世纪初叶，日本学者也参加了这场论战：新城新藏主张起源于中国，而饭岛忠夫则反对此说，饭岛以为，不但二十八宿，就是整个中国天文学，都是起源于西方的。

对于这样一个重大的中国科学史问题，国外争论了一百多年，而在竺可桢 1944 年发表文章以前，中国竟无一人注意，正如竺可桢所说：“宛若 20 世纪初叶，日俄以我东三省为战场，而我反袖手旁观也。”

竺可桢代表中国人放了可贵的第一枪，而且一上战场即“横扫千军如卷席”，对反对中国起源说者所持的理由予以有力批驳，对主张中国起源说者所持理由中似是而非者予以纠正，最后从中国天文学的特点（注重昏星观测、以斗建定季节、以立春为一年的开始、一年四季冬夏长而春秋短，等等）来论证二十八宿必起源于中国，又以二十八宿体系不符合印度天文学的特点（对拱极星不感兴趣、偏重理论计算、分一年为六季等）来反推不起源于印度，最后的结论是：二十八宿起源于中国，再传到印度，再传到其他地方。

关于二十八宿起源的地点问题，在竺可桢发表文章以后，国内外学者基本上趋于一致。1953 年法国学者费利奥扎（Filliozat）在《古代印度和科学交流》一文中说：“二十八宿出现在伊朗约是公元 500 年，埃及是科布特时代（公元 3 世纪以后）；至于阿拉伯，它虽可能较《古兰经》时代（公元 7 世纪）为早，但也早不了多少。所以一般都认为是由印度传过去的。”[①] 关于二十八宿起源于中国，不起源于印度，考古学家夏鼐于 1976 年又做了进一步的论证[②]，在一次会上他公开声明他是继承和发展竺可桢的观点的。但关于起源的时间，竺可桢则定得过早，首先引起钱宝琮的反对[③]，其后又受美国诺依格鲍尔（O. Neugebauer）关于巴比伦黄道带起源研究的影响，乃于 1956 年的文章中，把它推迟到公元前 4 世纪。但是竺可桢最后说：“中国二十八宿创立的时期，仍有待于更多事实的发掘和更深入的研究才能确定。”现在我们可以告慰竺可桢的是：1978 年夏天在湖北隋县发掘的战国初期曾侯乙墓（安葬于公元前 433 年或稍晚）内，在一个油漆衣箱的盖

---

① 钱宝琮. 论二十八宿之来历 [J]. 思想与时代，1943（43）.
② 夏鼐. 考古学和科技史 [M]. 北京：科学出版社，1979: 29–50.
③ 钱宝琮. 论二十八宿之来历 [J]. 思想与时代，1947（43）.

子上，有用古篆文写的一圈完整的二十八宿星名，并有与之相对应的青龙、白虎图像，这不但把二十八宿出现的时间提前了，而且证明四象与二十八宿相配的起源年代也是很早的。[①]1979 年上海潘鼐根据《石氏星经》所进行的研究，也表明二十八宿的成立，至迟当约为春秋中后期。[②]

竺可桢关于中国天文学史的另一篇重要文章是《论以岁差定〈尚书·尧典〉四仲中星之年代》（1927 年）。这篇文章不仅是用现代科学方法整理我国古代天文史料的开始，而且对历史学界产生了巨大的影响。20 世纪 20 年代，我国历史学界受欧洲科学的影响，对古史材料重新估价的口号高唱入云，作为儒家最早经典的《尚书》（又名《书经》或《书》）便首先受到怀疑，被认为是后人的伪作。一时疑古派很占优势。但是，另一派认为，《尚书》开头几篇都有“曰若稽古”便足以证明，这些文章非当时所作，而是后人的追记；不过他们追记时未必没有根据，因此我们也不能轻易不信。信古派有这么一种看法，但没有充分的论据。此时竺可桢异军突起，把握住《尚书·尧典》中“日中星鸟，以殷仲春”“日永星火，以正仲夏”“宵中星虚，以殷仲秋”“日短星昴，以正仲冬”四句话，认为这是春分、夏至、秋分和冬至四个节气之日于初昏以后观测南方中天恒星的记录，接着他设计出一套方法：先考虑观测地点（主要是纬度）和晨昏蒙影时刻，从理论上求出二分二至时南中星的赤经；再从 1927 年《天文年历》中查出观测星的赤经，将这两个数据之差用岁差常数（50″.2）来除，就得到是 1927 年以前多少年观测的。他先用这个方法对确实可靠的《汉书》中的记载进行试算，发现符合得很好；再把它应用到《尧典》上，

① 王健民，等．曾侯乙墓出土的二十八宿青龙白虎图像 [J]．文物，1979（7）．

② 潘鼐．我国早期的二十八宿观测及其时代考 [J]．中华文史论丛，1979（3）．

所得结果是:《尧典》中所记的四仲中星，除了“日短星昴”以外，其他三个都是殷末周初（即三千年前）的天象。

历史学家徐旭生读了竺可桢这篇文章，无比佩服，他在《中国古史的传说时代》一书的“序言”（1941年）中说，读到《科学》上所载，专家竺可桢先生所著的《论以岁差定〈尚书·尧典〉四仲中星之年代》一文，欢喜赞叹，感未曾有！余以为必须如此才能配得上说是以科学的方法整理国故！这样短短的一篇严谨的文字印出，很多浮烟涨墨的考古著作全可以抹去了！

徐旭生赞赏竺可桢的科学方法，认为所得结果是对他的最大支持，并把竺可桢的论文收在他的书中。但是徐旭生不同意竺关于“尧都平阳”（北纬36度）的选择。事过五十多年以后，重庆特殊钢厂赵庄愚根据《尧典》中的上下文判断出四仲中星不是在一个地方观测的，而是在“旸谷”（山东东部)、“明都”（湖南长沙以南）、“昧谷”（甘肃境内）和“幽都”（北京一带）四个地方观测的，这样再用类似的方法计算，结果证明:“日短星昴”也不例外，四仲中星构成一个系统，属于四千年以前的天象，也就是夏朝初年的天象。这比竺可桢的结果又向前推了一千年，祖国文化的悠久历史再一次得到证实。

关于中国天文学史，竺可桢还有一篇综合性的论述，那就是1951年2月25日至26日发表在《人民日报》上的《中国古代在天文学上的伟大贡献》。文章首先指出，中国古代天文学有两大特点：一是注重实用，二是历史悠久，连绵不断。接着分三个时期叙述了从殷周到明末我国天文学的成就。这篇文章对于宣传爱国主义起了很好的作用。许多报刊取材于此文，写了好多短文。《科学通报》全文转载，苏联《自然》杂志也于1953年10月号译载了这篇文章。

作为《中国古代在天文学上的伟大贡献》一文的姊妹篇，《中国过去在气象学上的成就》于1951年4月16日在中国气象学会第一次代表大会上报告以后，《气象学报》《科学通报》等四家刊物竞相刊载，影响很大。文章认为，在观测范围的推广、仪器的创造和发明、天气中各项现象的理论解释这三个方面，我国在15世纪以前都是领先的。现在有一点需要更正的是，在这篇文章中，竺可桢认为张衡的“候风地动仪”是两个仪器，即观测风向的“相风铜乌”和观测地震的“地动仪”。后来张德钧[①]和王振铎[②]都说明，“候风地动仪”是一个仪器，《三辅黄图》中记载的相风铜乌起源甚早，非始于张衡。

如果说《中国过去在气象学上的成就》是对我国古代气象学的概括，那么为《中国近代科学论著丛刊——气象学》写的“序”（1955年），便是我国近代气象学史的总结。在这篇文章中，竺可桢既批判了那种对中华人民共和国成立前的气象工作全盘否定的极“左”态度，又指出中华人民共和国成立前气象工作的缺点是：脱离实际、盲目地崇拜挪威派锋面学说、严重地受了环境决定论的影响。这种一分为二、实事求是的态度可以说是科学史工作者的模范。

竺可桢从经、史、子、集中所搜集的气象学史料是大量的，不过他没有用来写《中国气象学史》这么一本书，而是用来研究气候变迁。众所周知，气候变迁是他用力最多、成就最大的一个领域，从1925年发表《南宋时代我国气候之揣测》起，他这方面先后共发表七篇文章[③]，而以1972年发表的《中国近五千年来气候变迁的初步

① 德钧．候风仪[J]．文物，1962（2）．

② 振铎．张衡候风地动仪的复原研究（续完）[J]．文物，1963（5）．

③ 竺可桢关于气候变迁的七篇文章是：（1）1925年：《南宋时代我国气候之揣测》；（2）1925年：《中国历史上气候之变迁》；（3）1926年：《中国历史时期的气候波动》（英文）；（4）1931年：《中国历史时期的气候变化》（英文）；（5）1933年：《中国历史上气候之变迁》；（6）1961年：《历史时代世界气候的波动》；（7）1972年：《中国近五千年来气候变迁的初步研究》。

研究》最为成熟。这是他五十年来在这方面工作的心血结晶。文章指出，五千年来，在前两千年中，黄河流域平均温度比现在高2℃，冬季温度高2—5℃，与现在长江流域相似；后三千年有一系列的冷暖波动，每个波动历时300—800年，年平均温度变化范围为0.5—1℃。他还论证了气候波动是世界性的。这篇文章内容丰富，立论严谨，得到美、英、日、苏各国科学界的一致称赞，并引起了周恩来的重视。就在这篇文章发表以后，一次我去拜访他，谈到气象学史的问题，他说，以这篇文章中的资料为线索，再补充一些东西，就可以构成一部中国气象学史，希望将来能有人做这项工作。

2. 对于科学家的研究

竺可桢对中外历史上有成就的许多科学家进行过深入的研究，宣传他们的成就，总结他们的治学精神和治学方法，以激励后人。

《北宋沈括对于地学之贡献与记述》（1926年），第一次系统地评述了沈括在地理学、地质学和气象学上的贡献，文中许多观点至今为人们所引用。文章指出，沈括在地形测量（457）[①]和地面模型的制作（472）方面领先于世界。他关于华北平原成于黄河、海河堆积（430）和浙江雁荡山谷地成于流水侵蚀（433）的认识都符合今天的地质学知识。他关于陆龙卷的记载（385）是我国气象史上稀有的资料。他注意到了气候和纬度、高度的关系（485）。他对于经济地理贡献尤多，如关于食盐（208）和茶叶（221）的论述，记录了品种、产地、销区以及税收和运输等情况。这里需要说明的是关于沈括预见到石油"后必大行于世"的问题。沈括是把石油的烟作为一种制墨的新材料来说的，并不是当作现代意义上的新能源来说的，原文是："鹿、延

① 括号中的数字表示所使用的材料在胡道静《新校正梦溪笔谈》（中华书局，1957年版）中的编号数。

境内有石油。……余疑其烟可用，试扫其煤以为墨，墨光如漆，松墨不及也；遂大为之，其识文为‘延川石液’者是也。此物后必大行于世，自余始为之。”（421）。“延川石液”是一种墨的名称，清人唐秉钧《文房肆考》中曾提到过。竺可桢对这一段文字有误解，其后又以讹传讹，被很多人引用来说明沈括预见到石油在今天国民经济中的作用。这是不恰当的，希望以后的出版物中能改正。

1941年是明代地理学家徐霞客（1587—1641）逝世三百周年，浙江大学在贵州遵义开会纪念，竺可桢做了“徐霞客之时代”的报告，认为徐霞客既具有中国人“忠、孝、仁、恕”的旧道德，又有为寻求自然奥秘历艰涉险的新精神。纵览与徐霞客同时代的欧洲探险家，如弗朗西斯·德雷克（Francis Drake）、托马斯·卡文迪什（Thomas Cavendish）等，“无一不唯利是图，其下焉者形同海盗，其上焉者亦无不思攘夺人之所有以为己有，而以土地人民之宗主权归诸其国君，即是今日之所谓帝国主义也。欲求如霞客之以求知而探险者，在欧洲并世无人焉”。短短几句话充分揭露了资本主义原始积累时期向外扩张的殖民性质。

关于与徐霞客同时代的徐光启（1562—1633），竺可桢共写过三篇文章[①]，对其推崇备至。徐光启比英国唯物主义的真正始祖、近代实验科学的倡导者培根（1561—1626）小一岁，晚去世七年。竺可桢于1934年在《近代科学先驱徐光启》一文中，将此二人进行比较研究，发觉徐光启比培根伟大得多：第一，培根著《新工具》一书，强调一切知识必须以经验为依据，实验是认识自然的重要手段，但仅限于书本上的提倡，未尝亲身操作实践。徐光启则对于天文观测、水利测量、农业开垦均富有实践经验，科学造诣远胜于培根。第二，培根

① 竺可桢关于徐光启的三篇文章是：（1）1933年：《纪念明末先哲徐文定公》；（2）1934年：《近代科学先驱徐光启》；（3）1962年：《〈徐光启纪念论文集〉序言》。

过分强调归纳法的重要性，忽视了演绎法的作用。徐光启从事科学工作，则由翻译欧几里得《几何原本》入手，而这本书最富于演绎性，培根之所短，正是徐光启之所长。第三，培根著《新大西岛》（*The New Atlantis*）一书，主张设立理想的研究院，纯为一种空想。徐光启则主张数学是各门科学的基础，应大力发展，同时还应延揽人才，研究与数学有关的十门学科，即所谓“度数旁通十事”，包括天文气象、水利、音乐、军事、统计、建筑、机械、地理、医学和钟表，既具体又实用。第四，培根身为勋爵，曾任枢密大臣，但对于国事毫无建树。徐光启任宰相，对于发展工农业做出了重要贡献，由他在北京训练的四千名战士，后来在辽东作战屡建奇功，他曾预见到日本将来可能假道朝鲜侵略中国，建议在多煤、多铁的山西省设立兵工厂，铸造洋枪大炮。第五，论人品，培根曾因营私舞弊被法院问罪，关进监狱。徐光启则廉洁奉公，不受馈赠，盖棺之日，身无分文。

对徐光启、培根二人进行了这番比较以后，竺可桢给自己提出了一个问题：“何二者贤、不肖之相去如此其远，而其学术之发扬光大乃适得其反耶？”培根逝世后四十三年间，《新大西岛》一书不胫而驰，凡经十版，英国皇家学会即依照所罗门宫的模型而成立于1660年；《新工具》一书的影响更大，牛顿、波义耳、惠更斯等无一不奉之为圭臬。反观徐光启的著作，逝世后十分之九散失，清初黄宗羲作《明儒学案》，凡朱熹、王阳明学派之有一言足录者，无不采入，就是和徐光启同样信耶稣的金声，也未遗漏，唯独没有徐光启。徐光启培养人才的建议，除了崇祯皇帝批了个“有关庶绩，一并分曹料理，该衙知道”外，三百年间无人过问。

1934年竺可桢提出这个问题，没有回答，只是慨叹了一句：“是则徐之不幸耶？抑亦中国之不幸耶？！”经过十年研究，他于1943年发表《科学与社会》一文，正确地回答了这个问题。他说："一个人物无论如何伟大，一种运动无论如何风靡，不能离开时代的背景，而可得到一个合理的解释。欧洲近代科学之兴起，有人归功于牛顿、伽利略和开普勒几位科学家，实是大误。要了解牛顿之何以能在17世纪应运而生，不先不后，这不能不推想到那时代已经成熟，所以有水到渠成的形势。"[①] 接着分析了16、17世纪欧洲社会环境及其对于科学的需要，又用1669年牛顿给埃斯顿（F. Aston）的信证明牛顿所关心的问题都是当时生产上亟待解决的问题；指出牛顿对于科学的三个最大贡献（万有引力定律、微积分、白光通过三棱镜后分为七种颜色），若非牛顿出世，在当时的欧洲也要被其他科学家发现，但时间可能稍晚。事实上微积分和万有引力定律是谁的贡献，当时已有激烈争论。莱布尼茨（Gottfried Leibniz）亦发明微积分，胡克亦发现万有引力定律。竺可桢的结论是：英雄所见略同，英雄乃时势所造成；时势同则英雄之见解与造诣亦相同；文艺复兴以后，欧洲科学突飞猛进，人才辈出，乃由于生产的需要所促成；徐光启逝世后三百年间近代科学之所以不能在中国生根，也正因为生产落后之故。

对于欧洲近代科学从何时算起的问题，竺可桢也有精辟的论述。他不同意把牛顿当作近代科学的开始，把哥白尼当作希腊科学的继承人。他说这种评论完全是颠倒事实的言论。哥白尼的学说是从实际的观测结果出发，站在科学事实的基础上，绝不是只凭空想，是唯物的不是唯心的，和毕达哥拉斯学派有着根本的区别。他在《波兰伟大科学家哥白尼的贡献》（1953年）一文中，高度赞扬了哥白尼"离经叛道"的勇敢精神，并引述德国诗人歌德的话说，自古以来没有这样天

① 竺可桢在《为什么中国古代没有产生自然科学》一文中，有差不多相同的一段话，这里的引文是把两处并起来的。

翻地覆地把人类意识倒转过来。因为若地球不是宇宙的中心，那么无数古人相信的事物将成为一场空了，谁还相信伊甸的乐园、赞美的歌颂和宗教的故事呢？所以恩格斯把哥白尼的不朽著作，当作近代科学的独立宣言，是完全正确的。在这本书中，竺可桢第一次写了“地动说传入中国”一节。以此为线索，在竺可桢的指导下，作者和其他几位同志于1973年写了《日心地动说在中国——纪念哥白尼诞生五百周年》一文，发表后受到了国内外的好评。

恩格斯在《自然辩证法》“导言”中把哥白尼的《天体运行论》当作近代科学的开始，以牛顿和林奈（C. Linnaeus）作为第一阶段的结束。竺可桢认为，恩格斯把林奈和牛顿并列不是偶然的，林奈第一个给世界上全体人类以一个称号，一个科学名词Homo sapiens，意思是“有智慧的人”，他于1753年建立的双名制生物分类法，使杂乱无章的千万种动植物统一用一个简单系统来分类命名。这个功绩正和牛顿的万有引力定律把天空中万千物体极其复杂的运动归纳成一个简易明晓的规律一样，在科学史上具有革命性的伟大贡献。但是，他和牛顿一样，受到同样的时代的限制，这限制就是哲学上的一种偏见，即自然界的绝对不变性。林奈是虔诚的宗教徒，他晚年对于动植物种类不可变的学说虽不如当初那么坚持，而且相信杂交可能产生新种，但他的学生满布欧洲各国，统信动植物种类一成不变为金科玉律，这对19世纪进化论的传播起了很大的阻碍。但是，牛顿和林奈受时代限制的这种缺点并不减少他们在科学史上丰功伟绩的光辉。

恩格斯认为，在这个自然界绝对不变的形而上学的自然观上打开第一个缺口的是康德（Immanuel Kant）和拉普拉斯的星云说，第二个是莱伊尔（Charles Lyell）的缓慢进化说，第三个是人工合成有机物，第四个是热之唯动说，第五个是达尔文（Charles Darwin）的进化论，第六个是洪堡的自然地理学。洪堡走遍了西欧、北亚和美洲，对气象学、火山学、地貌学和植物地理学都有开创性的贡献。竺可桢对洪堡和中国的关系甚有研究，1959年他在《纪念德国地理学家和博物学家亚历山大·洪堡逝世100周年》一文中指出：（1）洪堡发现中国西藏南部在北纬30度上的雪线为5000多米，比南美洲赤道上基多地方的雪线高200多米。同时他又指出在青藏高原上到4600米高度尚可种植五谷（现已查明只到4200米），但在喜马拉雅山南坡只到3270米高度。他解释喜马拉雅山北坡雪线和森林草地带特高的原因，是由于大块凸起的青藏高原吸收了大量太阳辐射，因而形成一个热源的缘故。这一解释已被我国气象学家所证实。（2）由于洪堡的建议，道光二十一年（1841年）在北京俄国教堂中建立的地磁气象台，是我国第一个正式气象台和地磁台。台中所做从1841年到1882年（中间有两度停顿）的气象和地磁记录，至今尚有比较价值，竺可桢曾写过专文《前清北京之气象记录》（1936年）。（3）洪堡推断中国古代地理学超越同时代的希腊和罗马。洪堡对中国古代的天象记录非常重视，他把毕奥所译《续文献通考》中的新星记载和西方的记录做对比，因而提出这样的问题：为什么1604年开普勒新星见于《续文献通考》，而1572年的第谷新星却不见呢？以中国古代天文学家的勤快，当不至于遗漏吧？洪堡提出的这个疑问，本书作者已在竺可桢的指导下做了回答：1572年第谷新星见于《明史》，《续文献通考》给遗漏了。再者，洪堡在《宇宙》中所列历史上的新星只有21个，我们已经寻找到90个之多。[①]

竺可桢在评价这些杰出科学家功过的同时，尤其注意他们的治学方法和治学态度，在这方面他有一篇很好的文章，即《科学之方法与精神》（1941年）。他认为，科学方法可以随时随地而改换，但科学

---

① 席泽宗．古新星新表 [J]．天文学报，1955（12）．

精神是永远不能改变的。他从哥白尼、布鲁诺、伽利略、开普勒、牛顿、波义耳等人身上总结出了三点精神（也就是治学态度）：（1）不盲从，不附和，一切依理智为依归，如遇横逆之境，则不屈不挠，只问是非，不畏强暴，不计利害；（2）虚怀若谷，不武断，不蛮横；（3）专心一致，实事求是，不作无病之呻吟，严谨整饬毫不苟且。① 这三点精神，竺可桢不只是说给别人听的，而且是贯彻在他的一生中：1942年1月在反对孔祥熙的游行中，他走在队伍的最前面；1947年11月他抵制了蒋介石要他更正“于子三之死是千古奇冤”的谈话；1968年2月他顶着林彪、“四人帮”的逆风论证中国科学院执行的是红线，这符合第一点。他从不压制和打击与自己不同意见的人，我亲眼看到钱宝琮经常和他争论得面红耳赤，但争论完了仍然是好朋友；他曾接受群众的意见，在报刊上公开更正自己文章中的错误，这符合第二点。他赞同法国科学家庞加莱（Jules Poincaré）的意见“唯有真才是美”；他从不作无病呻吟、随意夸张之文，他的论文都是一改再改，精益求精，二十八宿起源问题写了三遍，气候变迁问题写了七遍，这符合第三点。竺可桢就是这三点精神的体现者，是我们学习的榜样。

3. 对科学史的组织倡导工作

竺可桢是国际科学史研究院院士，从1916年发表《朝鲜古代之测雨器》到1974年2月7日去世，共发表科学史文章约五十篇，占他全部著作的六分之一。从天文、地理到气象、航空，人事物都有，中外古今齐全，真是资料丰富，领域辽阔，观点鲜明，数量众多。此外，他还给我们留下了38年零37天（自1936年1月1日至1974年2月6日）的日记，约八百万字，这日记本身就是中国近现代科学史

① 席泽宗. 竺可桢与自然科学史研究 [G]//《纪念科学家竺可桢论文集》编辑小组. 纪念科学家竺可桢论文集. 北京：科普出版社，1982：41–57.

长编，而且其中包含着他的大量读书笔记，如 1944 年 6 月 18 日记载着：“据英人研究，猫的名称我国与埃及竟相同。猫在英国的历史尚不到一千年，但在埃及四千年前已受人崇拜。在公元前 1800 年一碑上即有 Mau 字，即猫，与中国同音，可怪也。……于汉初自埃及传至欧洲，于 948 年始达英国。”这份丰富的遗产，亟待我们组织人力进行研究。但是，竺可桢一生中花费时间最多的还不是写作，而是做组织领导工作。他管理浙江大学十三年，桃李满天下，他主持中国科学院多方面的工作。这里只想说说我所知道的他对自然科学史研究的组织、领导和倡导。

1949 年中国科学院成立后不久，即“决定要从事两项重要的工作：一是中国科学史的资料搜集和编纂，二是近代科学论著的翻译与刊行”。郭沫若院长说，我们的自然科学是有无限辉煌的远景的，但我们同时还要整理几千年来中国科学活动的丰富遗产。这样做，一方面是在纪念我们的过往，而更重要的一方面是策进我们的将来。这两项重要的工作，即落在竺可桢副院长的肩上。竺可桢于 1952 年召集对科学史有兴趣的科学家举行了一次座谈会，讨论如何开展工作。1954 年成立了中国自然科学史研究委员会，由竺可桢任主任，叶企孙和侯外庐任副主任（均系兼职）。委员会负责协调国内科学史的研究工作，并在中国科学院历史研究所第二所内设立办公室，筹建专门研究机构，此时竺可桢每星期来半天处理日常工作。为了使这项工作引起社会上的重视，竺可桢于 1954 年 8 月 27 日在《人民日报》上发表了《为什么要研究我国古代科学史？》一文，文章从历史上地震记录的研究对厂矿企业、铁路、桥梁、水库、电站等选址的作用和历史上的新星记录对天空无线电辐射源研究的作用等方面，论证了研究我国科学史的重要性和必要性。

在竺可桢的主持下，1956 年制定了科学史研究的长远规划，召开了中国自然科学史第一次讨论会。在讨论会的开幕式上，竺可桢做了“百家争鸣和发掘我国古代科学遗产”的报告，正确地回答了在全国向科学技术进军，力争在短期内赶超国际水平的时候，为什么还要“在故纸堆里去找题材，到穷乡僻壤中去总结经验”的问题，对今天的科学史工作仍有现实意义。报告要求，科学史工作者应从三个方面对社会主义做出贡献：（1）阐明中华民族在世界科学史上所占的地位；（2）发掘我国劳动人民已经掌握的防治疾病、增加生产和减免自然灾害的一切知识和方法，分门别类地把它们整理出来，综合分析，做出总结，再进一步应用到实践上去，为人民谋福利；（3）科学是国际性的，一种技能的发现、一种知识的获得往往是辗转传授的，要研究中外科技史上的交流，促进各国人民之间的友好关系。

开完中国自然科学史第一次讨论会，竺可桢又于同年 9 月率代表团到意大利参加第八届国际科学史大会，并宣读了关于二十八宿起源的论文，得到各国学者的好评。回国后即紧张地进行中国自然科学史研究室的筹建工作，该室于 1957 年 1 月 1 日正式成立。在中国自然科学史研究室的筹建过程中，从经费预算、房屋设施到人事调配，竺可桢无不一一过问。李俨和钱宝琮这两位高级研究人员的调进，都是竺可桢向周总理当面申请得到批准的。

1957 年创办《科学史集刊》，竺可桢因兼职过多，未担任主编和编委，但这个刊物开编委会，竺可桢有请必到，送去审查的稿子，他也很快给出具体意见。他为这个刊物写了“发刊词”，指出“科学史工作者的任务不仅要记录某一时代的科学成就，而且还必须指出这种成就的前因后果、时代背景以及为什么这种成就会出现于某一时代某一社会里，而不出现于别的时代别的社会里。”这个要求是相当高的。他多次建议，《科学史集刊》应该与农业生产挂钩，他约请辛树帜写的《我国水土保持历史的研究》在第二期上刊出后，得到农学界的好评，并被日本《科学史研究》详细摘录发表。

竺可桢对于协助国际友人、培养人才、鼓励后进非常辛勤。他去世后，英国学者李约瑟在1974年8月16日的《自然》上著文称赞竺可桢“具有远见卓识，同情他人，和蔼可亲……许多在中国工作过的西方科学家都对他的帮助深表感谢”。自本书作者和他认识之日起，每问问题，他总详细回答，当面回答不了的，写信回答，例如，1955年12月28日的一封信是：

泽宗同志：

日前承告知《史记·天官书》“贱人之牢，其牢中星实则囚多，虚则开出”，疑是司马迁已知变星。揆之《〈史记〉正义》之言更为明了。近阅朱文鑫《〈史记·天官书〉恒星图考》引王元启《〈史记〉正讹》云“贯索九星正北一星常隐不见，见则反以为变”，云云。按西洋R. Coronae Borealis到1795年始知为变星，其星等可自5.9—15.0，最亮时也只六等，可知我国古代天文观测者目光尖锐。

变星中最易发现者应该是Mira（o Ceti）刍蒿增二（星等3.4—9.2）和Algol（β Persei）大陵五（星等2.4—3.5），古代不知是否已经觉得，请你便中注意。

此致

敬礼

竺可桢

1955.12.28

又启者：

按贯索中有三个变星，其中S（星等6.1—12.0）在半圈之外。T在贯索第六星旁（星等2.0—9.5），在西洋于1866年始发现T为新星，但Leon Campbell书*The Story of Variable Stars*中疑为recurring nova，可能我们在古代曾见到过。朱文鑫所说近第六星者，疑是T变星，非R。

桢又及

1959年自然科学史研究室组织编写《中国天文学史》和《中国地理学史》，每部稿子都是二三十万字，送给他看，他除了随手改正错别字和批注意见外，还写出总的意见。

1952年龚育之发表文章批评《科学通报》，他立即到清华大学去访问（当时龚还是学生），征求意见。1960年薄树人在《科学史集刊》第三期发表《中国古代的恒星观测》，他立即找自然科学史研究室主任李俨要求见这位同志。

自然科学史研究室的归属关系几经改变，但他始终关心这个单位和相关工作。1957年冬天的一个早晨，许多人还没有上班，他就来送消息，说："袁翰青先生可能离开情报所，你们赶快欢迎他到这里来。"1965—1966年他组织人力编写《世界科学家传记》，写世界科学发展史的文章，并且自己带头写了《魏格纳传》。该书共六章，有七八万字，不幸的是，这些稿子在十年浩劫中全部散失。1970年自然科学史研究室已被"一锅端"，全体下放到河南"五七"干校劳动，他听说有人要处理一批科学史的书，便赶快写信到河南，希望能有人回来接收。1972年4月我从干校回京探亲，去拜访他，他说："毛主席说，要研究自然科学史，不读自然科学史不行。可是现在把自然科学史研究室关门，这哪里符合毛泽东思想！"

很遗憾，竺可桢逝世早了一点，没有看到以后的变化。竺可桢逝世后第二年，邓小平副主席主持中央工作期间，恢复了自然科学史研究室的工作，并将它改为研究所。竺可桢逝世后的第三年，"四人帮"

垮台，科学的春天来到了。1978 年自然科学史研究所重新回到中国科学院，科学史和方法论的研究，被列为科学院的重点项目之一，也是全国科技重点项目之一。竺可桢所倡导的历史地震记录的搜集整理工作，天象记录的整理和利用工作，都有大批人在做，并取得了新的成绩、达到了新的水平，世界近代科学史的研究也已提到日程上，一系列工作都在顺利展开。竺可桢在天有灵，亦当含笑于九泉。

（原载席泽宗．竺可桢与自然科学史研究 [G]//《纪念科学家竺可桢论文集》编辑小组．纪念科学家竺可桢论文集．北京：科学普及出版社，1982.）

二、钱临照对中国科学史事业的贡献

1．对李约瑟的影响

1954 年我与钱临照第一次见面时，他才 48 岁，但那时他已是著名的物理学家，在人生的道路上已有许多令人钦佩的事迹。关于这些事迹，1995 年抗日战争胜利 50 周年时，他曾以“国破山河在，昆明草木春”为题，以回忆录形式，在《科技日报》上分为三次发表。第三部分与科学史有关的一段是：

“晚上孩子们睡了，老母以摸纸牌为戏，妻子利用闲时以绣花补贴家用，我则伏案看书写文章。三人围坐在一盏小油灯下，对于经历了战乱、尝过颠沛流离之苦的我们来说，也算是一种享受了。就在这种安定的气氛下，我写了《释〈墨经〉中之光学、力学诸条》一文。”

图 4 为钱临照与席泽宗最后一次谈话。

图 4　钱临照（右）与席泽宗最后一次谈话（1998 年 4 月 22 日）

钱临照《释〈墨经〉中之光学、力学诸条》一文，现在已被看作是“《墨经》研究的里程碑”[①]，它对李约瑟走上研究中国科技史的道路产生了深远的影响。1943 年李约瑟到昆明访问时，正逢钱临照完成他的这篇力作，钱临照和他大谈这部世界上最早的系统性很强的光学著作。钱临照谈得津津有味，李约瑟听得非常入神。李约瑟对中国先哲的成就大为惊讶，于是着手筹备编纂《中国科学技术史》。正如李约瑟研究所所长何丙郁所说：

> “不可错误地认为李约瑟是中国科技史研究的先驱。在本世纪前半期，一些中国前辈在这一领域已有相当的贡献，竺可桢、李俨、钱宝琮、钱临照、张资珙、刘仙洲、陈邦贤等，他们在后方，同李约瑟谈话时，自然会提到各学科的科学史问题，他们告诉他读什么书、买什么书和各门学科史中的关键要领等，这使李约瑟得到了很多的帮助和指导。”[②]

这在李约瑟《中国科学技术史》第一卷中也可以明显地看出来，

---

① 徐克明.《墨经》研究的里程碑 [J]. 中国科技史料，1991（4）.

② 何丙郁. 如何正视李约瑟博士的中国科技史研究 [J]. 西北大学学报（自然科学版），1996（2）.

在他感谢的科学家名单中，排在第一名的就是钱临照。

2．对科技史事业重要性的论述

钱临照在30多岁时就涉足中国科技史领域，写出《释〈墨经〉中之光学、力学诸条》这样颇具影响的好文章，但因忙于实验物理的工作，一直到“文化大革命”结束，再没有过多地涉足科学史领域。20世纪70年代中期，中国科学院自然科学史研究委员会正、副主任竺可桢和叶企孙去世后，钱临照责无旁贷地成了中国科学史事业的带头人。如果说1954年竺可桢发表的《为什么要研究我国古代科学史？》是中华人民共和国成立以后科技史事业发展的第一个标志的话，1984年钱临照发表的《应该重视科学技术史的学习和研究》则是第二个标志。后者视野更广阔，把研究范围拓宽到了全世界，他说：

“我之所以提倡科学技术史的学习和研究，首先是科学技术史为人类文明史的重要组成部分。开展科技史的研究，是一项基本的文化建设，属于一般智力投资，它在提高民族文化素质，进行唯物主义、爱国主义和国际主义教育以及中外文化交流等方面都有重要的意义。珍重本民族的科学遗产，是珍重自己历史，有自立于世界民族之林能力的标志之一。研究国外科学技术史，是汲取全人类智慧精华的一种途径，也是衡量有无求知于全世界决心的标志之一。因此，任何一个伟大的民族，总是十分重视科学技术史的教育和研究工作。一个不懂得本民族科技史，亦不了解世界科技史的民族，将不会成为一个伟大的有作为的民族！至今还认为科技史可有可无、可学可不学的观点，显然是不正确的；至于那种以为科学技术史与实现四个现代化没有多大关系的论点，则是对科学技术史的莫大误解。其实，科技史与实现四化有着密切的关系。”

……

“当前我们迫切需要提高对科学技术史意义的认识，有关部门应重视科学技术史的研究和教育工作，加强领导并在组织上和研究条件等方面给予一定的保障。科技史工作者更应进一步认识自己肩负的重任，在前辈科学史家开创的道路上，继承和发扬他们的史识和史德，刻苦钻研，写出更多更高水平的科学史著作。”①

这篇文章可以说是多年来钱临照在各种场合为科学史事业奔走呼喊的总结，其中提到的前辈科学史家的“史识和史德”，这里没有说明，但从 1980 年 10 月 22 日他给我一篇文章的复信中可以获得答案（如图 5 所示）：

“大作‘竺可桢与自然科学史研究’一文已详读一过，颇觉纪事翔实，立论允当，竺老形象跃然纸上，其中记述竺老治学三论，宜为我辈所宗，质之吾兄，不知然否？”

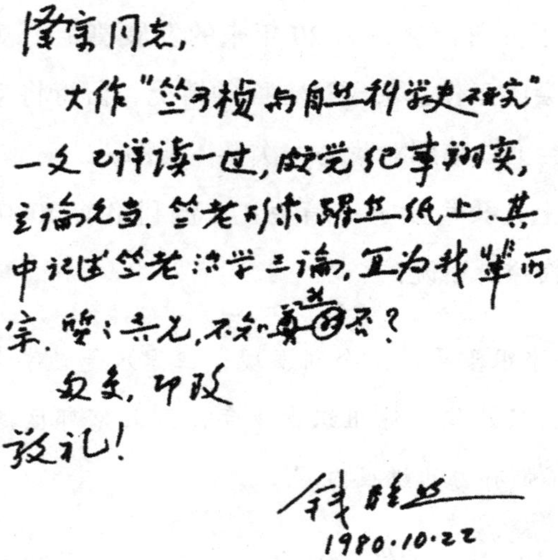

泽宗同志，

大作“竺可桢与自然科学史研究”一文已详读一过，颇觉纪事翔实，立论允当，竺老形象跃然纸上。其中记述竺老治学三论，宜为我辈所宗。质之吾兄，不知以为然否？

匆复，即颂

敬礼！

钱临照

1980.10.22

图 5　钱临照给席泽宗的复信

① 钱临照．应该重视科学技术史的学习和研究 [N]．科学报，1984-03-31．

拙文中所述竺可桢的三点治学精神是：

“(1) 不盲从，不附和，一切依理智为依归，如遇横逆之境，则不屈不挠，只问是非，不畏强暴，不计利害；(2) 虚怀若谷，不武断，不专横；(3) 专心一致，实事求是，不作无病之呻吟，严谨整饬毫不苟且。”①

这也就是现在所说的科学精神，是竺可桢先生从哥白尼、布鲁诺、伽利略、开普勒、牛顿、波义耳等人身上总结出来的。

3. 对实验科学史的重视

1980 年 10 月 6 日至 11 日，中国科技史界 270 余人在北京隆重集会，庆祝中国科学技术史学会成立。这次会议从筹备开始，即是在钱临照的具体指导下进行的，会上大家又一致推选他为首任理事长。在他任职的三年多期间（1980—1983），钱临照对学会的大政方针和人事安排，都做了妥善部署，为 20 年来的发展奠定了基础，并且以后始终关心着学会的工作。关于这方面的情况，留待将来再说，今天只谈这次成立大会上钱临照对我的一次具体帮助。

在这次会上，我宣读了一篇短文《伽利略前 2000 年甘德对木卫的发现》。钱临照听后说：

“这件事很重要，是个新发现；但你只是文字考证，不能令人绝对信服。我建议，你组织青少年，到北京郊区做观测；如能成功，就有了强有力的说服力。”

根据钱临照的指示，在 1981 年 3 月 26 日木星冲日之前的半个月

① 席泽宗．竺可桢与自然科学史研究 [G]//《纪念科学家竺可桢论文集》编辑小组．纪念科学家竺可桢论文集．北京：科普出版社，1982：41-57．

（此时最容易观测），刘金沂负责，组织了由十余人组成的观测队，到河北兴隆山上用肉眼观察木卫，其中有八个人在 3 月 10 日和 11 日凌晨 0 时至 1 时 30 分连续两夜各自独立地看到了木卫三，有三个 13 岁的初中一年级学生看到了木卫三和木卫二，有一位还看到了木卫一，他们三人都能看到比 $6^{m}.6$ 还暗的星。后来，我们从《1981 年美国天文年历》得知，1981 年 3 月 11 日 0 时 44 分木卫四被木星掩食，我们没有能看到它，只是由于方位问题，而不是由于它的亮度不够。至此，我们以实践证明，木星的四颗"伽利略卫星"不用望远镜都能看到，木卫三尤其容易，而甘德的记录非常逼真。[①] 这一结果发表后，轰动了全世界的天文界。时任国际天文学联合会主席、澳大利亚悉尼大学名誉教授布朗（R. H. Brown）说这是很有意义的一件事。钱临照的同龄人、日本学士院院士、京都大学名誉教授薮内清则写了专文[②]介绍，认为这是实验天文学史的开始。

钱临照在《纪念胡刚复先生百年诞辰——谈物理实验》一文中精辟地指出："众多的科学家之所以能做出杰出的贡献和获得丰硕的成果，其共同点都在于能摒弃形而上学，而以敏于观察、勤于实验为信仰所致。"钱临照在科学史领域除了倡导我做木卫的肉眼观察验证以外，在其后指导中国科技大学科学史研究室的工作中，更以实验性课题为特色，硕果累累，这里仅举几例。华同旭博士漏刻研究，李志超教授的浑仪、浑象研究，一个对应于时间，一个对应于空间，都是辛辛苦苦动手做实验取得的丰硕成果。还有张秉伦教授和孙毅霖合作的秋石方复原实验，用铁一般的事实否定了李约瑟关于秋石为性激素的

① 刘金沂．木卫的肉眼观测 [J]．自然杂志，1981，4（7）．

② 薮内清．実験天文学の試み [J]．現代天文学講座月報，1982（14）．

说法，名扬海外，颇得好评。[①]

4．颂我古兮不薄今，扬我中兮不轻洋

在中国科学技术史学会第一届常务理事会上，讨论提交1981年第16届国际科学史大会论文时，钱临照主张以中国古代科学史为主，在讨论1984年在北京召开的第三届国际中国科学史会议时，钱临照又把国内论文录取范围限定在中国古代。这给人造成一种错觉，似乎他只注意中国古代科学史。其实不然，这从上引《应该重视科学技术史的学习和研究》一文的内容就可以看出来，他只是反对蜻蜓点水，不做深入研究，抄抄写写。他对李约瑟的《科学前哨》一书评价甚高，在1994年5月20日给我的信中说：

“此书虽小，较之《中国科学技术史》只能算是小书，但我认为与后者有同等价值。我国抗战八年，现存后方科学活动，记之维详，唯此一书而已，我们自己也无系统记载。……李约瑟尊重这段苦难中国科学家的活动，名之曰《科学前哨》，意味深长，我国人不能不知。”

在这本书的“前言”中，李约瑟夫妇对《科学前哨》这个书名的解释是：

“并不是因为我们在中国，我们与中英科学合作馆的英国同事就自认为是科学前哨；而是我们大家，英国科学家和中国科学家一起，在中国西部构成了一个前哨。

① 2008年，北京大学博士研究生朱晶通过模拟实验和现代化学检测发现，部分炼法所得秋石含有性激素。参见北京大学博士论文《丹药、尿液与激素：秋石的历史研究》。——本书编辑注

如果本书有什么永恒价值的话，是因为记录了一个伟大民族不可征服的执着，尽管不充分。……人们不需要敏锐的洞察力，就能看出整个一代人奋发、牺牲、忍耐、信心与希望。与他们一起工作，我们非常自豪，因为今天的前哨将会是明天的中心和统帅部。”①

今天的中国虽然还远远没有成为世界科学的中心，但新中国成立以来我们的科学研究还是取得了很大的进展，对此钱临照感到十分高兴，他在年近80岁的时候，出任“当代中国丛书”中的《中国科学院》卷主编，辛苦多年，成书上、中、下三册，洋洋150万言，对中国科学院前40年的历史，做了较为忠实的反映。

颂我古兮不薄今，扬我中兮不轻洋。他曾亲自动笔写了长达4万多字的《西方历史上的宇宙理论评述》，主编了“世界著名科学家传记”丛书中的《物理学家》两册。他对许良英研究爱因斯坦和戈革研究玻尔感到由衷的高兴，多次说到我们国家有两个这样的专家很好。他带领学生研究牛顿和阿拉伯光学家伊本·海赛姆（Ibn al-Haytham）等，并派石云里出国学习阿拉伯天文学史，可以说他是全方位地注意到了科学史的各个领域。如果说有缺点的话，就是注意“外史”不够。

5．尊师重道，为叶企孙冤案平反做贡献

钱临照对长辈非常尊重，对年轻人则严格要求、注意培养。1996年严济慈先生去世后，他写的《望桃李春色，仰蜡炬高风——回忆吾师严济慈先生的教育工作》，非常感人。“文化大革命”期间，叶企

---

① 李约瑟，李大斐．李约瑟游记[M]．余廷明，唐道华，滕巧云，等译．贵阳：贵州人民出版社，1999：1.

孙先生以“特务”罪名，受到监禁，出狱后仍然被定为“不可接触的人”，钱临照则多次前往探视，促膝谈心，并于1982年发表《纪念物理学界的老前辈叶企孙先生》一文，用过硬的材料，第一次公开肯定了叶先生1938年在天津从事的活动是爱国抗日活动，不是特务活动。这段材料来自他偶然读到的高叔平编著的《蔡元培年谱》。该书第140页上有录自蔡元培《杂记》中的一段文字：

“叶企孙到香港，谈及平津理科大学生在天津制造炸药，轰炸敌军通过之桥梁，有成效。第一笔经费，借用清华大学备用之公款万余元，已用罄，须别筹。拟往访宋庆龄先生，请作函介绍。当即写一致孙夫人函，由企孙携去。”

此事发生在1938年11月，他以此为线索，命研究生胡升华进行详细调查，写出硕士论文《叶企孙先生——一个爱国的、正直的教育家、科学家》，中共河北省委也依此为据，于1986年8月20日做出为“叶企孙派到冀中地区的特务熊大缜”平反昭雪的决定，文曰：

“熊大缜同志是1938年4月经我党之关系人叶企孙、孙鲁同志介绍，通过我平、津、保秘密交通站负责人张珍和我党在北平之秘密工作人员黄浩同志，到冀中军区参加抗日工作的爱国进步知识分子。当时，他放弃出国留学机会，推迟结婚，为拯救民族危亡，毅然投笔从戎。到冀中后……他研制成功了高级烈性黄色炸药，用制造出的手榴弹、地雷、子弹等，武装了部队，提高了我军战斗力，还多次炸毁敌人列车。同时，他还通过各种渠道，利用叶企孙教授之捐款，聘请和介绍各方面技术人才到冀中参加抗战……对冀中之抗战做出了不可磨灭的贡献。定熊大缜同志为国民党CC特务而处决，是无证据的，纯属冤案。因此，省委决定为熊大缜同志彻底平反昭雪，恢复名誉，按因公牺牲对待。凡确因熊大缜特务案件受到株连的同志和子女亲属，由所在单位党组织认真进行复查，做出正确结论，并做好善后工作。”

至此，叶企孙的特务冤案才算彻底解决，而在这一解决的过程中，钱临照支持的科学史研究又起了不小的作用。①

6．严格把关，热心培养青年

1978年5月，我去合肥到钱临照家中做客，正碰上负责中国科学技术大学少年班的一位同志和他谈话，说过几天有位领导要到少年班来参观，为了迎接，要布置教室，要钱临照届时讲课如何如何。钱临照大为不满，说这样弄虚作假，他不干，说这样做只能把小孩子带坏。那次谈话给我留下深刻的印象，觉得他真是铁面无私，寸步不让。过了六年以后，钱临照果然把这种严格认真的作风带到第三届国际中国科学史会议上来了。

第三届国际中国科学史会议定于1984年8月在北京召开。我向中国科学院写了一个报告，请求严东生副院长担任主席。严东生说，这事情还是得请钱临照，钱临照德高望重，有凝聚力。钱临照接受任务后，1983年9月20日第一次和我见面，就提出了三点要求：

（一）国内学者参加会议必须凭论文。论文要密封审查。每篇文章要请三位专家审查，两人同意方可通过。不能采取分配名额办法，不搞照顾，不问年龄、性别、职称，大家一律平等。

（二）内容限于中国古代科学史，综述性文章不要，讨论中国近代科学落后原因之类的文章不要。

---

① 胡升华．叶企孙先生与“熊大缜案”[J]．中国科技史料，1988，9（3）．

（三）每篇文章包括参考文献在内，限定4000字，超出字数者要求压缩。自己不愿压缩者，将来交超出部分的版面费。文章最好用英文写，如是中文，应有一页纸的详细英文摘要。

这三点要求，在当时的组织委员会讨论时，遭到了许多人的反对，尤其第三点，有人认为这简直不可能，"科学史的文章，4000字哪能说明问题"。后经让步，放宽到5000字，但要严格执行。组织委员会成立由杜石然、王奎克、艾素珍组成的审查小组，每篇文章由杜、王二人共同决定送谁审查，由艾素珍执行，绝对保密。这样选拔的结果，确实很好，一批年轻人，像刘钝、王渝生、罗见今、金正耀和马伯英等，得以脱颖而出，使外国人觉得我们确有人才，欣欣向荣。

国际中国科学史会议在英国剑桥开过第六届以后，到日本京都开第七届时被改名为国际东亚科学史会议，钱临照对此事极为不满。1994年8月中国科学技术史学会第五次代表大会在北京怀柔召开之际，他明确提出，不管东亚科学史会议如何，国际中国科学史会议还要继续开下去。此一倡议，得到了许多与会代表的热烈响应，中国科学院路甬祥院长也表示支持。此后，国际中国科学史会议得以继续召开。

（本文系作者2000年4月4日在中国科学技术大学举行的"纪念钱临照先生学术报告会"上的报告。）

好书推荐

科学元典丛书

1	天体运行论	〔波兰〕哥白尼
2	关于托勒密和哥白尼两大世界体系的对话	〔意〕伽利略
3	心血运动论	〔英〕威廉·哈维
4	薛定谔讲演录	〔奥地利〕薛定谔
5	自然哲学之数学原理	〔英〕牛顿
6	牛顿光学	〔英〕牛顿
7	惠更斯光论（附《惠更斯评传》）	〔荷兰〕惠更斯
8	怀疑的化学家	〔英〕波义耳
9	化学哲学新体系	〔英〕道尔顿
10	控制论	〔美〕维纳
11	海陆的起源	〔德〕魏格纳
12	物种起源（增订版）	〔英〕达尔文
13	热的解析理论	〔法〕傅立叶
14	化学基础论	〔法〕拉瓦锡
15	笛卡儿几何	〔法〕笛卡儿
16	狭义与广义相对论浅说	〔美〕爱因斯坦
17	人类在自然界的位置（全译本）	〔英〕赫胥黎
18	基因论	〔美〕摩尔根
19	进化论与伦理学（全译本）（附《天演论》）	〔英〕赫胥黎
20	从存在到演化	〔比利时〕普里戈金
21	地质学原理	〔英〕莱伊尔
22	人类的由来及性选择	〔英〕达尔文
23	希尔伯特几何基础	〔德〕希尔伯特
24	人类和动物的表情	〔英〕达尔文
25	条件反射：动物高级神经活动	〔俄〕巴甫洛夫
26	电磁通论	〔英〕麦克斯韦
27	居里夫人文选	〔法〕玛丽·居里
28	计算机与人脑	〔美〕冯·诺伊曼
29	人有人的用处——控制论与社会	〔美〕维纳
30	李比希文选	〔德〕李比希
31	世界的和谐	〔德〕开普勒
32	遗传学经典文选	〔奥地利〕孟德尔 等
33	德布罗意文选	〔法〕德布罗意
34	行为主义	〔美〕华生
35	人类与动物心理学讲义	〔德〕冯特
36	心理学原理	〔美〕詹姆斯
37	大脑两半球机能讲义	〔俄〕巴甫洛夫
38	相对论的意义	〔美〕爱因斯坦
39	关于两门新科学的对谈	〔意大利〕伽利略
40	玻尔讲演录	〔丹麦〕玻尔
41	动物和植物在家养下的变异	〔英〕达尔文
42	攀援植物的运动和习性	〔英〕达尔文
43	食虫植物	〔英〕达尔文
44	宇宙发展史概论	〔德〕康德
45	兰科植物的受精	〔英〕达尔文
46	星云世界	〔美〕哈勃
47	费米讲演录	〔美〕费米
48	宇宙体系	〔英〕牛顿
49	对称	〔德〕外尔
50	植物的运动本领	〔英〕达尔文

51　博弈论与经济行为（60周年纪念版）　〔美〕冯·诺伊曼 摩根斯坦
52　生命是什么（附《我的世界观》）　〔奥地利〕薛定谔
53　同种植物的不同花型　〔英〕达尔文
54　生命的奇迹　〔德〕海克尔
55　阿基米德经典著作集　〔古希腊〕阿基米德
56　性心理学　〔英〕霭理士
57　宇宙之谜　〔德〕海克尔
58　圆锥曲线论　〔古希腊〕阿波罗尼奥斯
化学键的本质　〔美〕鲍林
九章算术（白话译讲）　张苍 等辑撰，郭书春 译讲

即将出版

动物的地理分布　〔英〕华莱士
植物界异花受精和自花受精　〔英〕达尔文
腐殖土与蚯蚓　〔英〕达尔文
植物学哲学　〔瑞典〕林奈
动物学哲学　〔法〕拉马克
普朗克经典文选　〔德〕普朗克
宇宙体系论　〔法〕拉普拉斯
玻尔兹曼讲演录　〔奥地利〕玻尔兹曼
高斯算术探究　〔德〕高斯
欧拉无穷分析引论　〔瑞士〕欧拉
至大论　〔古罗马〕托勒密
超穷数理论基础　〔德〕康托
数学与自然科学之哲学　〔德〕外尔
几何原本　〔古希腊〕欧几里得
希波克拉底文选　〔古希腊〕希波克拉底
普林尼博物志　〔古罗马〕老普林尼

科学元典丛书（彩图珍藏版）

自然哲学之数学原理（彩图珍藏版）　〔英〕牛顿
物种起源（彩图珍藏版）（附《进化论的十大猜想》）　〔英〕达尔文
狭义与广义相对论浅说（彩图珍藏版）　〔美〕爱因斯坦
关于两门新科学的对话（彩图珍藏版）　〔意大利〕伽利略

博物文库

博物学经典丛书

1.　雷杜德手绘花卉图谱　〔比利时〕雷杜德 著 / 绘
2.　玛蒂尔达手绘木本植物　〔英〕玛蒂尔达 著 / 绘
3.　果色花香——圣伊莱尔手绘花果图志　〔法〕圣伊莱尔 著 / 绘
4.　休伊森手绘蝶类图谱　〔英〕威廉·休伊森 著 / 绘
5.　布洛赫手绘鱼类图谱　〔德〕马库斯·布洛赫 著
6.　自然界的艺术形态　〔德〕恩斯特·海克尔 著
7.　天堂飞鸟——古尔德手绘鸟类图谱　〔英〕约翰·古尔德 著 / 绘
8.　鳞甲有灵——西方经典手绘爬行动物　〔法〕杜梅里、〔奥地利〕费卿格 / 绘
9.　手绘喜马拉雅植物　〔英〕胡克 著 菲奇 绘
10.　飞鸟记　〔瑞士〕欧仁·朗贝尔
11.　寻芳天堂鸟　〔法〕勒瓦扬、〔英〕古尔德、华莱士 著
12.　狼图绘：西方博物学家笔下的狼　〔法〕布丰、〔英〕奥杜邦、古尔德 等
13.　缤纷彩鸽——德国手绘经典　〔德〕埃米尔·沙赫特察贝 著；舍讷 绘

生态与文明系列

1.　世界上最老最老的生命　〔美〕蕾切尔·萨斯曼 著
2.　日益寂静的大自然　〔德〕马歇尔·罗比森 著

3. 大地的窗口 （英）珍·古道尔 著
4. 亚马逊河上的非凡之旅 （美）保罗·罗索利 著
5. 生命探究的伟大史诗 （美）罗布·邓恩 著
6. 食之养：果蔬的博物学 （美）乔·罗宾逊 著
7. 人类的表亲 （法）让-雅克·彼得 著
（法）弗朗索瓦·德博尔德 著
8. 土壤的救赎 （美）克莉斯汀·奥尔森 著
9. 十万年后的地球：暖化的真相 （美）寇特·史塔格 著
10. 看不见的大自然 （美）大卫·蒙哥马利 著
（美）安妮·比克莱 著
11. 种子与人类文明 （英）彼得·汤普森 著
12. 感官的魔力 （美）大卫·阿布拉姆 著
13. 我们的身体，想念野性的大自然 （美）大卫·阿布拉姆 著
14. 狼与人类文明 （美）巴里·H. 洛佩斯 著

自然博物馆系列

1. 蘑菇博物馆 （英）罗伯茨、埃文斯 著
2. 贝壳博物馆 （美）M. G. 哈拉塞维奇、莫尔兹索恩 著
3. 蛙类博物馆 （英）蒂姆·哈利迪 著
4. 兰花博物馆 （英）马克·切斯 等著
5. 甲虫博物馆 （加拿大）帕特里斯·布沙尔 著
6. 病毒博物馆 （美）玛丽莲·鲁辛克 著
7. 树叶博物馆 （英）J. 库姆斯、（匈牙利）德布雷齐 著
8. 鸟卵博物馆 （美）马克·E. 豪伯 著
9. 毛虫博物馆 （美）戴维·G. 詹姆斯 著
10. 蛇类博物馆 （英）马克·O. 希亚 著
11. 种子博物馆 （英）保罗·史密斯 著

科学的旅程（珍藏版） （美）雷·斯潘根贝格等
物理学之美（插图珍藏版） 杨建邺
科学大师的失误 杨建邺
道与名：古代中国和希腊的科学与医学 （美）罗维、席文
科学史十论 席泽宗
科学史学导论 （丹麦）克奥
科学史方法论讲演录 （美）席文
科学革命新史观讲演录 （美）狄博斯
对年轻科学家的忠告 （英）P. B. 梅多沃
二十世纪生物学的分子革命：
分子生物学所走过的路（增订版） （法）莫朗热
道德机器：如何让机器人明辨是非 （美）瓦拉赫、艾伦
科学，谁说了算 （意大利）布齐

西方博物学文化 刘华杰
风吹草木动 莫非
极地探险 柯潜
沙漠大探险 柯潜
美妙的数学（插图珍藏版） 吴振奎

徐仁修荒野游踪系列

大自然小侦探 徐仁修
村童野径 徐仁修
与大自然捉迷藏 徐仁修
仲夏夜探秘 徐仁修
思源垭口岁时记 徐仁修
家在九芎林 徐仁修
猿吼季风林 徐仁修
自然四记 徐仁修

荒野有歌　　徐仁修
动物记事　　徐仁修
探险途上的情书（上、下）　　徐仁修

跟着名家读经典丛书

中国现当代小说名作欣赏　　陈思和 等
中国现当代诗歌名作欣赏　　谢　冕 等
中国现当代散文戏剧名作欣赏　　余光中 等
先秦文学名作欣赏　　吴小如 等
两汉文学名作欣赏　　王运熙 等
魏晋南北朝文学名作欣赏　　施蛰存 等
隋唐五代文学名作欣赏　　叶嘉莹 等
宋元文学名作欣赏　　袁行霈 等
明清文学名作欣赏　　梁归智 等
外国小说名作欣赏　　萧　乾 等
外国散文戏剧名作欣赏　　方　平 等
外国诗歌名作欣赏　　飞　白 等

彩绘唐诗画谱　　（明）黄凤池
彩绘宋词画谱　　（明）汪氏

中华人文精神读本（珍藏版）（上、中、下册）　　汤一介
听北大名家讲中华历史文化故事（上、下册）　　楼宇烈
最美的唐诗　　周克乾
最美的宋词　　周克乾
最美的元曲　　周克乾
最美的散文　　周克乾

中国孩子最喜爱的国学读本（漫画版）·小学卷（上、中、下）　　冯天瑜
中国孩子最喜爱的国学读本（漫画版）·中学卷（上、中、下）　　冯天瑜

新人文读本（第 2 版）·小学低年级（4 册）　　张勇耀
新人文读本（第 2 版）·小学中年级（4 册）　　张勇耀
新人文读本（第 2 版）·小学高年级（4 册）　　张勇耀
新人文读本（第 2 版）·初中（6 册）　　张勇耀

李四光纪念馆系列科普丛书

听李四光讲地球的故事　　李四光纪念馆
听李四光讲古生物的故事　　李四光纪念馆
听李四光讲宇宙的故事　　李四光纪念馆
听李四光讲石油的故事　　李四光纪念馆

垃圾魔法书（中小学生环保教材）　　自然之友
小论文写作 7 堂必修课
——美国中小学生研究性学习特训方案　　〔美〕贝弗莉·秦

西方心理学名著译丛

活出生命的意义　　〔奥地利〕阿德勒
生活的科学　　〔奥地利〕阿德勒
理解人性　　〔奥地利〕阿德勒
儿童的人格形成及其培养　　〔奥地利〕阿德勒
荣格心理学七讲　　〔美〕霍尔、诺德比
思维与语言　　〔俄〕维果茨基
记忆　　〔德〕艾宾浩斯
格式塔心理学原理　　〔美〕考夫卡
实验心理学（上、下册）　　〔美〕伍德沃斯、施洛斯贝
人类的学习　　〔美〕桑代克